后浪

荒野的回声

我的野生动物观察笔记

韦晔 著

北京联合出版公司
Beijing United Publishing Co.,Ltd.

目录

1 起点

没有哪座山像秦岭这样滋养着中华文明，它也庇护着大熊猫、朱鹮、羚牛、川金丝猴这些中国最有代表性的野生动物。秦岭是广为人知的南北方的分界线，也是生态保护与经济发展之间开始寻求平衡的一处起点。

2 第三极

青藏高原是南北极之外的世界第三极，具有全球独特自然生态系统，原住居民传统文化在保护其完整性、原真性上发挥着不可低估的作用，在外界扰动日益加剧的当下，自下而上地探索生态公平，就有了更长远的意义。

3 长江

长江的生命力，就是中国的生命力，它生机勃勃又伤痕累累，白鱀豚的远去是长江生态系统衰退的标志性灾难事件，而当下保护长江江豚等濒危物种的努力，本质上是人类基于长期主义的立场，把自身从生存危机的悬崖边缘义无反顾地拉回来。

4 共存

人类活动给地球带来巨大的变化，我们所处的地质年代早已是"人类世"，甚至是"城市世"，人类不再同周围的动植物协同进化，但热爱生命仍是人性中最真实的部分，无论是基于经济、政治、科学，还是美学或伦理的原因，我们都有责任继续寻找与它们世代共存的可能。

5 羽录

对"鸟人"来说，身处何地都不会孤独，因为鸟儿无处不在，随时随地的观察、记录与分享，既是美的历程，也在为鸟类研究、保护奠定更坚实的公民科学基础，保护的力量在这个过程中自然地萌发。

6 他方

从东北亚到大洋洲，迁徙鸟类南来北往，世世代代履行着与地球的约定，我也在这条迁徙路线上记录了些许来自荒野的传奇，以外来者的视角观察当地的自然、社会、文化。

序言

《荒野的回声》，是韦晔追寻自己的理想国的经历。他带着我们上山下海，走进荒野，与缤纷多彩的生命为伍；为他总也见不到朝思暮想的动物着急，又为他终于达成愿望而欢欣。字里行间，满满地透出爱。这份对自然的纯真而深切的爱，令人动容。

因为爱，韦晔成为一个坚定的自然保护者。在过去十多年中，他不仅悉心观察自然，而且深入思考人与自然的关系，关注自然保护，在为近年来不断取得的进展欢呼的同时，也为依然存在的发展与保护的矛盾而痛心——这个矛盾体现在政府的决策、企业的行为，以及个人的选择上。正是基于这样的观察和关注，他总是不遗余力地说服着、影响着周围的人，而这本书将让他的影响更远。

的确，我们处在一个需要转型的时代。到目前为止，人类产生的GDP（国内生产总值）仍然有一半以上依赖于自然，在人类经济不断增长的同时，地球的自然资本在不断丧失。如果我们继续花9块钱破坏、花1块钱保护，气候危机和生态危机加在一起的风险足以让人类丧失未来发展的机会。我们要拯救的不是自然，而是我们自己。

在 2030 年前扭转生物多样性持续下降的趋势，在 2050 年前实现人与自然和谐共生，是联合国《生物多样性公约》的愿景，并且得到了各国政府和人民的呼应。正在讨论中的《2020 年后全球生物多样性框架》初稿中明确提出了要将"生物多样性的价值观"融入政府决策、企业经营以及每个消费者的需求中。正如前不久在昆明召开的联合国生物多样性峰会上，青年代表的发言所说的，"生命的基石理应优先于盈利"，然而这将是一个艰难的历程。

一个更好的世界，需要每个人的贡献。韦晔的这本书，以及他所做的事，展现了一个普通人如何为这样一个美好的愿望尽自己的一份力。

这个世界需要更多普通人的努力。

吕植

二〇二一年十二月

大自然　理想国

一片树林里分出两条路，

而我选了人迹更少的一条，

从此经历了完全不同的风景。[1]

我热爱大自然。当抽身于城市的喧嚣，脚踩山野、海滨的泥土，空气里夹着鸟鸣、花香，满目皆是自然的底色时，我感到无比踏实。

我心底有个理想国——河流自由奔腾，有枯有荣，有广阔的河谷容身；城郊有一片森林，崎岖小路引导着人们去发现一草一木的魅力；人们通晓身边的鸟兽，就像熟悉亲朋一般，而不是通过味蕾认识，或在股掌间把弄。

现实中，大河被水电项目切割成了死气沉沉的"梯田"，城市湿地被缺乏眼光的规划师改造成了游乐场；富有野性的灌木杂草被昂贵又短命的人工草坪取代，大理石铺设的路面呆板又刺眼；成批的穿山甲片、熊掌被查获，森林里却是空空荡荡，鸟网或兽夹总是不期而遇。

由此，我们这些热爱自然的人，自觉地汇聚成保护力量，或多或少扮演着代言人的角色：

---

1 出自美国诗人罗伯特・弗罗斯特创作的诗歌《未选择的路》（*The Road Not Taken*）。

我们呼吁生产经营活动慎重考虑对生态带来的影响：几棵大树的砍伐对长臂猿来说就是回家路上的断崖；失去森林河谷的野象游荡在乡间，被迫成为肇事者。

我们举报盗猎者和野味餐馆：冰冷、残缺的动物尸体，原本都是荒野里欢腾的生命，栉风沐雨难以看到它们一眼，如今眼前却是满地的伤痛。一顿大餐所消耗的，可能就是一片森林中的全部隐居者。

我们反对以保护为名的各种"生意"：野生动物有本属于它们的栖息地，不可能靠饲养场和水族馆续命；鼠兔是高原生态系统的基石，不是草场退化的元凶；越来越多的绿化是在破坏生态，单一的绿色并不是生命的底色。

我们向公众传播自然之美，希望大家了解：一片荒地，不只是城市的死角，而是一株绥草、一只中华虎凤蝶的整个世界。保护，始于情感，而成于科学认知和公众参与。

然而这些努力，偶有成功，更多是飞蛾扑火。

有人说，新冠肺炎疫情是地球对入侵者——人类的一次免疫，这个观点未免偏激，却能引发我们的反思。工业革命和城市化，让人类表面上战胜了自然，但也严重透支了我们的未来。在中国，人口高峰与生产力解放在20世纪八九十年代同时发生，触发的环境问题更为突出，解决问题尚需时日。而目前人类对其认知尚十分有限的气候变化，又不知道会把我们引向何方。

面对未来的种种不确定性，保护生物多样性似乎是最确定的标准答案之一。我把十多年来收集到的"荒野回声"汇集于这本书，有的来自原真性最高的自然遗产，有的来自城市中尚未散尽的荒野余音。

诚挚地邀请你也走上那条人迹罕至的路，一起欣赏自然之美，更期待我们能一起行动。

韦晔

2021 年仲春

1

起 点

没有哪座山像秦岭这样滋养着中华文明，它也庇护着大熊猫、朱鹮、羚牛、川金丝猴这些中国最有代表性的野生动物。秦岭是广为人知的南北方的分界线，也是生态保护与经济发展之间开始寻求平衡的一处起点。

书中照片除有括注外，均由作者拍摄。

秦岭大熊猫：
继续生存的机会

大熊猫有两种，一种存在于笼舍，看起来懒洋洋、软绵绵，"误导"了公众对它的科学认知；另一种存在于荒野，孤独而充满旺盛的生命力，不被多数人知晓。但毫无疑问，能在野外亲眼看到大熊猫，是无数自然爱好者心中遥远的梦想。

比起卧龙，长青在公众中的知晓度并不算高，但却是野生大熊猫遇见率最高的保护区，我曾经四次到访长青，两次与大熊猫邂逅。

树上的面口袋

2008年初春，生态摄影师吴立新、徐健前往秦岭南坡的长青国家级自然保护区拍摄秦岭细鳞鲑，约我同行。北京大学潘文石教授率领团队曾在长青工作13年，几乎不间断地在野外研究大熊猫。他的助手曾向我预告：去长青，你一定能看到大熊猫。

刚到保护区所在的华阳古镇就看到告示："最近竹笋萌发，为保证大熊猫食源，任何人不得进山采笋，一经发现将全部没收并予以罚款。"大熊猫仿佛就在眼前。

次日早起。向导胡万新是保护区的福尔摩斯，边走边解说我们看到的一切：

秦岭的春天

路边的土坡像被刀切过，露出不同土层的颜色，这是羚牛蹭痒痒的地方。草丛中有处近似方形的土坑，是豪猪觅食的痕迹。一行人越走越兴奋，说话声也大了起来。"前面有片秦岭箭竹，小声点！"老胡一声令下，我们顿时安静了。"熊猫很会埋伏，它一旦发现人离它很近了，要么原地不动，听人走远了再活动，竹林很密，你根本找不到；要么扭头就跑……"向导话音没落，就有人问："它跑得动吗？"

"跑不动，那就不是熊猫了，这和你们在动物园看到的可不一样。"老胡的话把大家逗乐了。

竹林近了，眼前一片颓废：秦岭箭竹东倒西歪，明显被破坏过，老胡很快发现了熊猫的粪便——脸盆大的一摊，并不成形，竹茎的纤维清晰可辨。他说出了门道：秦岭箭竹生长在海拔 1500 米以上的山区，比山下冷很多，你看它的竹叶很小，熊猫主要吃竹茎；海拔低了，巴山木竹多，大熊猫主要吃又大又密的竹叶，粪便里的竹纤维相比就少多了。竹子提供的能量有限，大熊猫需要大量地

斑羚的头骨。能在野地自由地生，自由地死去，就是野生动物最好的命运安排

吃，不停地排泄，这为寻找它们提供了大量的线索。

竹子开花会导致熊猫死亡的论断，在野外显得很苍白。在长青这样理想的大熊猫栖息地，可供它们采食的竹子有9种之多，低海拔地区以巴山木竹为主，高海拔有松花竹。一年四季，熊猫也会循着竹子的长势，"逐水草而居"。比如5月初，温度较高的低海拔地区竹笋率先破土，山谷里就能看到大熊猫。到了夏季，高海拔地区相对凉爽，竹子也嫩，熊猫就向上迁移了。但如果栖息地被公路、铁路、水库、村庄切割成一个个孤岛，一些轻微的波动就可能会给孤岛[1]中的大熊猫带来灭顶之灾。

一行人向海拔2000多米的原始森林进发，空气越来越清新，气温也越来越低，前方不时有红腹锦鸡出没。它们总是傲慢地打量一下"外地人"，再扎进丛

---

1 尽管已经有近70个自然保护区为保护大熊猫而建立，它们还是被分割在30多个孤立的小种群里，其中近五成的种群不足30只个体，远低于生态学理论中被普遍认可的为防止近亲繁殖的最小个体数50。这是森林砍伐和盗猎的威胁降低后，大熊猫面临的最大挑战。

林中，艳丽的身影闪烁一下就消失了。

一路辛苦跋涉，我们在溪流边歇脚，我学着老胡，趴在岩石上直接喝起了溪水，一口甘甜带着凉意下肚。

"这可是山泉水，要不是潘老师带着学生在这里研究大熊猫，写信给中央，把采伐叫停了，一年准能把这山剃光，什么都没了。"老胡告诉我，由于保护得力，大熊猫的活动范围越来越大，每年都能监测到新出生的幼崽。

这一天过得飞快，我们看到筑巢的朱鹮、过河的羚牛、钻进浓雾的血雉，还有各种兽类留下的痕迹，可就是没有熊猫的踪影。

每天带着希望出发，却总是心里空落落地回到住地。进入秦岭深山已是第4天，大熊猫在哪里？我夜里梦见熊猫妈妈带着小崽，穿过竹林，走在红腹锦鸡出没的小路上。

在兴隆岭，我品尝从原始森林中流出的甘甜溪水，左一为吴立新，左二为胡万新（徐健 摄）

清明时节忙于筑巢的朱鹮

健康熊猫留下的新鲜粪便

离开秦岭前的最后一天，老胡带着我在水洞沟寻找，爬过小山坡，又是一片倒伏的金竹林，"两三天前才来过！"他看过地上的粪便判断着。

残留的痕迹里能读出这么多信息？老胡分析说："熊猫搞断的竹子才干透，时间还不长，粪便也新鲜。你看，海拔低了，熊猫主要吃竹叶，不少叶子还没消化完。"

闻了闻，竟还有竹叶的清香。内行看门道，真的不假，老胡随手拿起来说："这只大熊猫很健康，你看竹叶咀嚼得很均匀，粪便也是很标准的纺锤形，表面还有一层透明的黏膜，这是用来保护肠道不会被竹纤维划伤。"

离开金竹林，我们又掉头折向大坪，沿着盘山道上山，天越来越阴沉，雨下了起来，老胡说："今天很可能有戏！野生大熊猫发情、交配往往会选择阴冷的日子。"

2010 年 1 月，胡万新在巡护过程中幸运地拍摄到大熊猫过河的场景（胡万新 摄）

可沿途静悄悄的，只有动物的粪便和爪印。看来又无缘见到大熊猫了。我心灰意冷地跟在老胡身后，捡拾路边的垃圾。

"汪！"山下传来一声"狗叫"，老胡立马发动摩托车："快上车，应该能找到熊猫！你运气真好。"

顺着声音传来的方向，我们一路飞奔。只见山坡上一棵大树上，黑白相间的大熊猫格外显眼，好似挂在树上的面口袋。不远千里，朝思夜想而不得，相见又是如此突然。

用望远镜观察，这只大熊猫正趴在树杈上，几乎一动不动地低头观察。"这是只'母猫'，它还没做好交配的准备，树下有'公猫'在为它打斗，'狗叫'就是打斗时发出的。"

每年的3—5月是大熊猫发情交配的恋爱季节，在这期间雄性熊猫凭借敏锐的嗅觉追寻神秘的气息，聚集在雌性周围，最有实力的竞争者才有机会将自己的基因延续。

老胡带着我轻手轻脚地爬上山坡，一路脚踩着松柏、桦树的枯枝，森林里才有的清香扑面。老胡压低嗓门不停地提醒我尽量不出声，以免吓跑熊猫。

我们停下脚步，眼前除了密密的树枝，什么也看不到。这时，坡上传来一阵树枝的响动，又是几声呢喃。"可能它们有察觉，朝着不同的方向跑了，别想跟上了。"老胡说，没有人能在山里追得上熊猫，一般只有在熊猫觅食和带崽的时候，才有机会接近。

等我们再钻出密林，那棵大树已经"人去楼空"了。

与大熊猫偶然相见，又匆匆告别。它们隐居于秦岭深处，那是它们的庇护所。

在食物匮乏的冬季，羚牛也会采食竹叶

遭遇金毛大王

2010年，还有10多天就是春节，我决定再访秦岭。从洋县到华阳镇的乡村巴士上，我享受着如春的阳光，一路上都是绿色的农田。

第二天在鸟鸣中梦醒，天阴沉沉的，却很暖和，王文树师傅家开的农家乐，门口就是茱萸园，鸟出奇地活跃。蓝额红尾鸲、赤胸啄木鸟、绿翅短脚鹎、棕胸岩鹨、灰头鸫，轮番出现在我的镜头里。

和巡护员胡万新碰头后立即出发。过了杉树坪，气温下降得越来越快，阳坡的积雪融化后又冻成冰，山谷间零零星星地飘起了雪花儿，四下寂静，唯有山间传出的溪水声。

刚过一道拐弯，老胡停下车，羚牛！

只见一头金色毛发的秦岭羚牛正在路边吃着竹叶，缺少食物的冬天，它也和熊猫抢食，可这对它真不算美味。

老胡也觉得纳闷，这羚牛似乎不愿搭理我们，照样大吃，我用400毫米镜头拍摄，居然超出了取景框，只好后退几步。

羚牛抬起头，正对着我，看了两眼，又吃了起来，我想拍张这金毛霸王吃竹子的特写，慢慢靠近，这引起羚牛的警觉，抬起头，走到路中间，攻击还是逃离？老胡放下手中的相机，观察起来，就在此时，它抬起蹄子，给脑袋挠起了痒痒，啊，我没见过这样大的世面，连拍几张，事后才意识到，又超出取景框了。

没等我清醒，这家伙慢悠悠地穿过公路，又吃了几口，钻进了树林。

"棕熊那样庞大的驼背身躯、斑鬣狗那样倾斜的后腿和臀部、牛一样的四肢、山羊似的扁平尾巴、角马那样疙里疙瘩的双角和驼鹿那样鼓鼓囊囊的面部"，在生物学家乔治·夏勒（George Schaller）博士笔下，"骆驼像由一群人拼凑设计而成的动物，那么羚牛看起来就像同一群人用边角碎料组装而成"。

走出好远一段，我激动的心才稍许平复些，问道："老胡，你第一眼见到时为什么不拍？"

"我在观察，这羚牛凶险得很，尤其是独牛，会攻击人。有一次直奔过来，幸亏同事冷静，跑两步闪到枯树后面，它反应不过来，直接向前冲去了。"到底是老胡考虑得周全，"羚牛受惊时会发出大声警告性的咳嗽声，发情的羚牛则会发出低沉的吼叫。"

我们继续前行，去往大坪的路上，动物痕迹越来越多，野猪、毛冠鹿、斑羚的蹄印、粪便，还有金猫、豹猫等小型猫科动物的梅花掌印，最铺张的是川金丝猴，采食过的地方满地树枝和松塔。

离大坪还有半小时路程，冰瀑出现了，一块美玉嵌在峭壁上，冰面上的纹路简直就像雕刻上去的。想起第一次到华阳还是初春，那瀑布是静谧的原始森林中最跳跃的音符。

第三日，天放晴了，温度下降很多，直到9点，茱萸园的鸟儿才活跃起来。

这是我距离大熊猫最近的时刻，我们隔着灌丛面对面坐着

再进杉树坪这条沟，唯一的意外是蒙蒙细雨中的蓝鹇，当时光线太暗，我还以为它是全黑的。

老胡和刘全备队长安装完两台红外触发相机后，我们就奔向柏杨坪，这条沟和杉树坪就隔着一道山梁，大部分在阳面，暖和多了。

刚进沟几公里，熊猫的粪便就多了起来，每隔几百米就是一两枚，看起来是一两天内的。熊猫就在这一带，可我们苦找了一下午也没有什么发现。半路上两只野猪逃命般飞奔过公路，我的反应太慢，只拍到了猪屁股。

过了大熊猫救护站，海拔近2000米，连鸟叫声都很少听见，一具斑羚的尸骨让这里显得更安静了。

再往前行，除了松鼠的脚印，兽类痕迹都很少了。我们一路下撤。

最后一日，再进杉树坪，我有点着急了，眼看着就要离开，大熊猫在哪儿？我一边跟着老胡和刘队长拆除红外相机，一边寻找熊猫痕迹。又有新发现，一处粪便没有霜冻，说明是凌晨后排出的，咬下的竹子断面还没干，熊猫就在附近，可我们找了几处都没有进展。

拆完熊猫救护站的相机后，刘队长开起了玩笑："熊猫在下面等你呢。"我当然愿意相信这是真的。

我们沿着一条顺着溪流的兽道爬坡，遇岔路后分头前行，刚过5分钟，刘队长兴冲冲地追上来说："熊猫！"我慌忙下撤，刘队长指着对面山坡上晃动的竹子，真的是熊猫！

尽管看不到它的黑白脸，但掰断竹子的咔咔声却不断地传来，越来越近，我慢慢向溪流边靠近，熊猫只有不到10米了，它坐在地上，不停地吃着。它的前掌和嘴配合默契，把竹叶在嘴角攒成一把，再用前掌抓着竹叶塞到嘴里，吧唧吧唧地咀嚼着。溪流的声音遮盖了我们的脚步声，它根本不理会，还走到溪流边，黑白一团撅着屁股喝水，我头一次离野生大熊猫这般近，连扑哧扑哧的鼻息都能听见。

在保护区工作十多年，老胡还是头一回看到熊猫喝水。只可惜竹林太密，无法拍下饮水的清晰画面。

喝饱了，它又转身吃起了竹子，我们的响动终于打扰到这贪吃的家伙，它向山坡上跑了一段，又坐下来继续吃。

这一夜，我和老胡——曾经的伐木工，还有王文树——当年的打猎高手，围坐在火炉边聊天，说起大熊猫娇娇、虎子、小三，他们都有一箩筐的故事，我希望这样的故事，能在秦岭一代代讲下去，故事的滋味儿就像长青的水，永远那么甘甜。

活化石的历史选择

大熊猫绝不应该仅是在动物园卖萌，或者在成都、卧龙的饲养场里表现出生机勃勃的假象。

遗憾的是，公众鲜有机会了解野生大熊猫的真实情况，而大熊猫人工繁育产业，因为可观的经济利益，以及在外交中承担的重要使命，总是干扰着保护工作的方向，误导公众的认知。

2008年"5·12"汶川地震让中国保护大熊猫研究中心卧龙基地遭受重创，当我在新闻照片上看到一个月前采访中心主任张和民时去过的大熊猫苑已成废墟，入口被滚落的山石堵死时，心痛不已。

我赶往南京红山森林动物园采访随借展大熊猫来南京工作的研究中心饲养员杨波，他一手攥着电视遥控器紧盯着灾情直播画面，一手不停地拨打手机，可家里人的电话一个也拨不通……

第二年4月，我再到雅安碧峰峡基地，见到不少从卧龙基地迁来"避难"的熊猫，由于圈舍紧张，不少熊猫还住在临时搭建的板房中，可以想见，这一年多，研究中心的工作人员，不管是工作还是生活，承受了多大的压力。再见到杨波时，得知他的家人在汶川地震中躲过了劫难，我心里多少有些安慰。

灾难似乎有意和圈养大熊猫过不去，2013年4月20日，雅安又发生7级地震。圈养大熊猫再次面临考验。有人甚至认为，大熊猫会因地震中笼舍倒塌而灭绝。

这句话似乎说对了一半，最早因竹子开花而设立的大熊猫饲养场，在极端灾害面前显得脆弱，而野生大熊猫种群并没有因频发的地震受到大的影响。2015年2月第四次全国大熊猫调查结果公布：野生大熊猫1864只，总数比2003年增长了16.8%。

汶川地震后我在四川、陕西的大熊猫自然保护区的见闻也证明了这一点。大熊猫所栖息的中高海拔山区，即便有局部的森林和竹林被掩埋，废墟之上也很快重现生机。汶川地震一年祭之时，我来到受灾严重的青川县，老县城还没从地震的阴云中走出，废墟四处可见，而唐家河保护区海拔3000多米的摩天岭又是另一番景象：零星的垮塌废墟已被灌木覆盖，竹林生机盎然。"大熊猫在漫长的进化中找到了最适合它生存的环境，以及北温带几乎取之不尽的竹子，地

2009年，即将运往城市动物园展出的3只大熊猫在成都双流机场货场停留。在利益的驱使下，相关机构片面夸大熊猫人工繁育工作对野生种群保护的贡献

震在它们的进化历史上根本不值一提。"保护区一位专家感慨道。野外栖息地永远是大熊猫最安全的庇护所。

保护大熊猫，就是保护人类自己。这句口号空洞又真实。至少可以明确的是：从秦岭南坡到岷山、邛崃山，大熊猫的家园，是长江几条主要支流的发源地，健康的森林生态系统也保障着长江中下游人类社会的生态安全。

离开秦岭，在西行的飞机上，太阳的余晖浅浅地照在云层之上的秦岭，这座东西走向的高大山梁是大熊猫的最后家园。这片大山曾经和大熊猫一起遭遇了历史上最惨重的生态危机，也正在经历人类为拯救这场危机做出的最有诚意和力度的改变，尽管在这个过程中，挑战从未消失，也会不断地产生更棘手的问题。

愿山水长青。

胡万新：
从伐木工到熊猫守护者

人们对大熊猫的关注，催化了中国当代真正意义上的生态保护在长青迈出了第一步，其间，关键人物搭建了时空的骨架，发生在普通人身上的故事让历史更有血肉，也同样值得记录。

2008年的春天，我与生态摄影师吴立新、徐健前往位于陕西省汉中市洋县的长青国家级自然保护区，从华阳镇驱车沿着盘山路行至公路尽头，巡护员胡万新指着前方的原始森林告诉我，如果不是潘文石教授的努力，这个叫兴隆岭的地方在20世纪90年代初就会被伐木队剃光。

时间回到1980年，胡万新初中毕业，赶上职工子女内招，成为陕西省属森工企业长青林业局职工。大山里的日子像酉水河的水一样，四季如常，不停歇地流淌着。

"在80年代头几年，林业局根据森林的生长情况确定产量，下达多少计划我们就干多少活，采伐过程中会保留生长旺盛的中、幼龄木，砍掉生病的、成熟的老树，第二年还补种新的树。这种采伐方式不仅没有破坏大熊猫的栖息地，反而有利于竹子的生长。可没过几年，林业局也开始搞大承包，市场有多少需求，我们就砍伐多少，不管大小一律采伐。补种的也不再是冷杉等本地树种，取而代之的是日本落叶松这样的速生外来树种，林下几乎是寸草不生，更别提竹子了[1]。在一切向钱看的指挥棒下，离杉树坪不远的西沟很快被砍得干干净净，河都干了。我们隐隐约约感到不妙，但也没多想，毕竟大家靠山吃山嘛。"老胡回忆道。

一场山洪让老胡和同事们开始隐隐地担心起来。"有一年夏天，我们住在西沟，雨好大，之前干掉的河突然涨水了，地势低的工棚泡在了水里。大半夜的，我们卷起铺盖就往高处跑，没过几个钟头，水又快没了。"时隔30多年，老胡回忆起那一夜还是心有余悸。

彼时，已在长青扎根多年研究大熊猫的北京大学潘文石教授和他的团队越来越为秦岭面临的生态危机感到焦虑。究竟是要木材，还是要大熊猫？ 1993年10月，潘文石团队致信国务院，呼吁立即停止采伐，建立自然保护区。1994年5月，长青林业局砍伐全线停止，老胡转身成为巡护员，和林业局的老同事加入了大熊猫巡逻队。

胡万新虽然文化程度不高，但在杉树坪与潘文石教授团队朝夕相处的日子里，对野生动物研究产生了浓厚的兴趣。"刚开始有些动物我们看到了也不认识，晚上回到杉树坪就向潘老师和他的学生请教，在什么环境看到的，长什么样。有时也跟着他们出去做监测，慢慢地也积累了一些常识，比如熊猫的粪便里有什么隐含的信息，兽类的脚印都有什么特征。"

长青的保护卓有成效，朱鹮在华阳镇的路边筑巢，大熊猫、川金丝猴、秦岭羚牛也越来越活跃，这吸引了奚志农、徐健、吴立新等一批生态摄影师的关注。胡万新作为长青"土专家"，在为摄影师提供协助的过程中，也对生态摄影

---

1 学者称此类人工林为"绿色沙漠"，存在问题包括：（1）树林内地表植被覆盖很差，保持水的能力很弱，旱季到来时发生火灾的风险较高。（2）生物多样性水平极低，单一密集的树木遮挡了阳光，抑制了其他植物的生长，也无法给大多数动物提供食物或适宜的栖息环境。（3）森林中的营养循环过程被阻断，针叶林的落叶不易腐烂，加上对改善土壤质量和促进营养循环十分重要的土壤无脊椎动物以及其他动植物很少，土壤的营养不断被单一物种消耗。（4）缺少天敌对虫害进行控制，易发生虫害，生态状况脆弱。

产生了兴趣。10多年来，他在保护区拍摄记录到300多种鸟类、16种兽类、10种两栖爬行类动物，为当地增加鸟类新记录20多种，包括国家二级保护动物鹰雕、黄爪隼、灰脸鵟鹰等，还有罕见的黑喉歌鸲。2012年，在徐健的支持下，老胡在北京三里屯举办《秦岭的生命世界——野外巡护员胡万新摄影展》。

　　2017年清明，我再一次来到秦岭，和老胡走在长青的山间，齿萼报春开得正艳，小麂那犬吠般的吼声时不时打破森林的宁静。在穿越秦岭的傥骆古道沿途，我们还时不时地可以看到100多年来躲避饥荒、战乱的人们在这里讨生活而留下的石屋、农田的痕迹，但这里已经是秦岭农耕文化扩张的极限，人类活动带来的扰动总会在大自然的轻微颤抖中逐渐消逝。而修建于20世纪80年代，见证秦岭生态危机的伐木公路，早已经盖满了杂草，除了巡护队伍蹚出来的小径，再没有什么人的印记。红腹锦鸡沿路从容觅食，只有勺鸡的洪亮叫声打破平静。从河谷到路边，满是秦岭箭竹，熊猫粪便时不时地出现，宣示着种群的活力。是的，只要给野生动物留下足够的空间和时间，它们就有继续生存的机会。

　　在历史的关口，学者的振臂高呼为大熊猫留下了兴隆岭，也为羚牛、川金丝猴、野猪，包括人类，留下了这个世界上最值得珍视的一片山水。人与自然的关系，也终于在秦岭南坡寻求到了一种妥协的方式，我和老胡，还有所有热爱生命的朋友，都希望这是永远的平衡。

2

第三极

青藏高原是南北极之外的世界第三极，具有全球独特自然生态系统，原住居民传统文化在保护其完整性、原真性上发挥着不可低估的作用，在外界扰动日益加剧的当下，自下而上地探索生态公平，就有了更长远的意义

昂赛：中国大猫谷见闻

昂赛大峡谷的清晨，山坡上满满的圆穗蓼还盖着暖暖的阳光，露水还没被晒干，白唇鹿顶着雄壮的双角挺立在山脊线上，俯瞰着山谷。我猛地抬头看到这一幕，正如在荒原跋涉多日的旅人望见了炊烟。几秒钟的工夫，它们——七头，并没体察到我和队友的友善，在头领的带动下顺着山势逃跑了。

每次去野外，总会有一瞬间的感动超越所有的体验，参加2018年昂赛"自然观察节"，于我来说就是最后一日与白唇鹿对视的几秒钟。

昂赛是青海省玉树藏族自治州杂多县辖的一个乡，澜沧江在夏季裹挟着棕红的泥沙奔腾穿过，如果不是山水自然保护中心在这个峡谷扎根工作，昂赛会和这里的其他乡镇一样默默无闻，牦牛、冬虫夏草与江水也许就是当地与外界发生的所有关联。现在，这里是三江源国家公园澜沧江源区的一部分，"自然观察节"是自然爱好者之间的竞技，在规定的时间发现并识别尽可能多的鸟类、兽类和植物，提交影像记录，也是公民科学家们集体参与的生物多样性快速调查。

2015年，山水自然保护中心和北京大学开始联合在昂赛开展社区监测项目，野生动物研究者与牧民合作监测野生动物——在以5km×5km为单位建立的80个研究网格中安放红外触发相机，当动物从相机前路过时，相机的传感器感受到了环境温度的改变，相机快门被触发，动物的影像便随之被记录。

白唇鹿

到2018年7月，这个项目有效捕捉到雪豹、豹（即金钱豹）的影像上千次，共识别出24只雪豹个体与7只豹个体——每个个体的斑纹都是独一无二的，正如人的指纹一样可以识别。两种大型猫科动物，居然在同一条山谷里被记录到。

据估算，全球约60%的雪豹栖息地在中国，但监测研究只覆盖了2%的栖息地。

你也许不敢相信，老一代的雪豹专家在相当久的时期内都没有亲眼看到过雪豹，更多的是通过访谈和收集粪便、毛发开展工作，足见研究的艰难。进入21世纪以来，红外触发相机在中国逐渐大规模应用，野生动物分布研究进入大发现时代，雪豹、豹、虎这些隐士在社交媒体的带动下走进公众的视野，牧民的加入更让这种动物自拍神器插上了翅膀。这背后，都是如山水一般的研究、保护机构富有远见而扎实的工作。

昂赛是名副其实的大猫谷，雪豹这些顶级捕食者的密度足够说明当地的生态系统是多么充满野性与活力。

自2016年首届"自然观察节"举办以来，我就对昂赛充满了期待，报名通知一发布，参赛队伍瞬间组好：俊松是野外经验丰富的技术控，他在NGO（非政府组织）工作，曾经参与过玉树地震救灾，经历丰富但话语不多；武亦乾是南京大学生物学专业在校生，曾在藏北做藏羚羊研究，离开前的黄昏，终于见到日思夜想的狼时，他哭了。狼一定是感受到了这份真诚，我们这支队伍"狼运"惊人。

　　比赛的营地就建在澜沧江边，清冽湿润的空气会让人忘记这是海拔3800多米的青藏高原。几只黑鸢在头顶盘旋，高山兀鹫时不时地拂过不远处山顶的"佛头"——典型的丹霞地貌。幸亏2014年公路通车不久山水自然保护中心就已进驻，否则导游不知道又会给这些景观编造出什么样的拙劣神话传说，而当地牧民只能给旅游公司打工，一边干着低报酬的工作，一边向观光客抱怨。

黑鸢和昂赛大峡谷的标志性丹霞地貌景观

藏族小朋友趴在草甸上观察着盛开的圆穗蓼

　　所幸，牧民依旧是这里的主人。山水和昂赛合作的自然体验项目[1]此时已经进行到了第三年，选拔出的牧民接待家庭，以主人的身份安排自然体验者住家，带领他们寻找野生动物。昂赛乡书记扎西东周自豪地介绍，在来到昂赛的20余个自然体验团中，80%在一周之内看到了雪豹，这应该是世界纪录了。作为参赛者，我们和平日来的自然体验者一样，要缴纳向导费给合作社，每支队伍每天800元。这笔收入会进行二次分配，45%属于接待家庭，45%属于社区集体，10%属于保护基金。大猫谷是所有昂赛牧民的山谷，需要有这样的平衡机制。

　　向导嘎玛是今年才入选自然观察项目的牧民，21岁，没有自然观察经验，此前刚刚接受过培训——坦率地说我们有点失落，但他的吃苦精神值得称道，驾驶技术极好，在此后的4天里，他驾驶的五菱宏光无论是爬坡还是涉水都不

---

1 预约网址：https://valleyofthecats.org。

亚于越野车，每当我们为他和神车的壮举欢呼时，这位有些内向的小伙子却总是低下头微笑着换挡。

昂赛真是个宝地。观察节开幕式前，我在河边热身，很快发现了棕草鹛，这算是个高光鸟种，虽然它并不算好看。队伍刚出发不久，路面上发现了豹的足印！从足印的大小上看，至少有两只豹在一两天内经过，没想到豹离我们这么近！它们会在哪里呢？河谷对岸裸岩下乘凉，还是河边埋伏？

红色的土壤和岩石，不舍昼夜的河流，开满野花的谷底，如果一只豹踱步穿越，那该有多迷人！

继续前行，我们直奔高海拔地带，那里是雪豹更偏爱的生境：灰白的裸岩下有大片的草甸，被岩羊占据，再往下就是成群的家牦牛。针叶林慢慢被甩到了身后，这一路我们看到了白马鸡、金雕、高山兀鹫，听说狼也会在这个山谷出没，大家的热情似乎随时都会被点燃。我下意识地调高了相机的感光度，把镜头光圈开到最大，随时准备战斗。

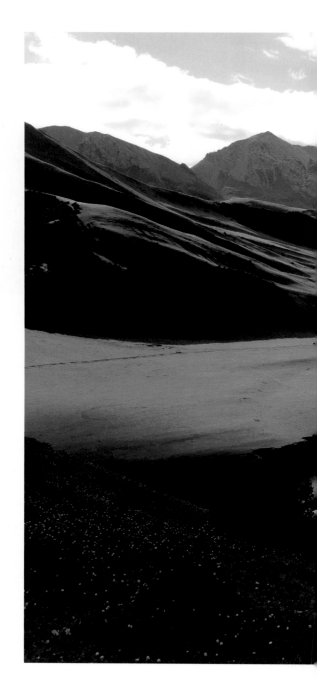

澜沧江河谷

狼真的出现了！有参赛队伍已经停下了车，山沟前的一户藏族牧民用高音喇叭播放着刺耳的声音驱赶，狼一定是下山打家畜的主意了，它很快跑进了灌木，两位队友对着山坡一阵连拍，我却自始至终没有看见。见鬼，好歹是个兽类新种！武亦乾一边低头回味拍到的狼，一边安慰说有时间再回来找，可我心里装的只有豹和雪豹，来不及为自己悲伤。

车越开越高，空气越来越清冷，路边的绿绒蒿越来越多——这些高山花卉都是植物爱好者们眼中的女神。在藏族文化中绿绒蒿代表着吉祥，一个山谷中如果有分布，那么流出来的水甚至可以治病。我们下车观察，路基下四处都是多刺绿绒蒿，或许是为了在恶劣的环境中尽可能延长花期增加授粉的概率，一株上总是有未开放的花苞，也有将要凋谢的花朵。河边还有稀疏的灌木，典型的藏鹀生境，这种戴着黑色围脖的鹀狭窄地分布在青藏高原东部，是国内外观鸟人在青海追逐的终极目标之一。观察节评委唐瑞（Terry Townshend）听到了

康定鼠尾草

狼

藏鸥的叫声，我们四下里找了找，没有一点儿踪影。

我们顺着盘山路来到一处制高点，灰色的岩石从红色的土壤中生长出来，高耸着，迷宫一般神秘，我突然想到了圣斗士们的圣域，不过这是雪豹的圣域。一群岩羊突然出现在脚下的山谷，这更坚定了大家找到雪豹的决心，如果不是用双筒望远镜反复地证伪，观察久了以后你会感觉每一块突起的岩石都是雪豹，是啊，如果它一动不动，和岩石没有区别。我只找到了落在山尖的高山兀鹫。

继续前进，我们不是在爬坡就是在下山，景色实在过于壮美，河向远方蜿蜒延伸，让我们躁动的心绪平复下来。峭壁的岩洞里居然有一大群岩羊在休息，像是猛兽凶残大嘴里的牙齿。我跟踪许久的一只绢蝶终于在眼前落了下来，夏梦绢蝶，半透明的翅膀点缀着鲜红的斑。

我们决定在开满圆穗蓼与马先蒿的草坡上休息，正要掏出干粮，对面的山坡上又出现了狼！在青青的草坡上，它总是跑一跑，又回头观望一会儿，最后下了狠心，翻过山脊消失了。从豹的足印到狼的出没，这样的捕食者天堂，不知道中国还能否找出第二处。

于我而言，野生动物魅力无限，可对于这一路上遇到的牧民呢，捕食者总是频频侵袭家畜，尤其是在冬季。从雪豹分布区广泛的调查来看，报复性的猎杀是威胁雪豹生存的直接因素。令人欣慰的是，昂赛建立了以社区为管理主体的人兽冲突基金，政府出资支持，山水众筹一部分，牧民再为自己的每一头牦牛缴纳3块钱保险，共同设立了基金。野生动物肇事后，由社区选拔出的审核员第一时间抵达现场记录情况，并汇总到村社小组进行审核，确认系野生动物肇事后根据牛的年龄赔偿。在昂赛年都村，2017年经审核有222头牦牛被野生动物猎杀，共计赔偿23万元。在这之前，野生动物肇事赔偿都有复杂的流程，预算也不充足，效率更是低下。

一整天的行程就要结束时，我们听说有参赛队拍到了雪豹，这可真刺激。回营地的路上，大家决定去昂赛工作站附近蹲守马麝扳回一局，不料除了满地的高原兔，一切都静悄悄。摸黑回到营地，听说还有参赛队看到了豹，我猛灌了一口热水，大大咬一口中午吃剩的饼子。直到比赛结束，我们几乎每天都是最晚回来的队伍，拖着疲惫的身体，听着越来越惊爆的大发现，比如一支队伍在路边拍到了花丛中的雪豹……

10年前，来自澳大利亚的水鸟专家马克·巴特（Mark Barter）对我说，你付出的越多，大自然给你的回馈就越多，命运由你自己主宰。10年后，来自英国的自然观察专家唐瑞分享了他的见解：大自然永远不保证任何事情。他们说得都对。

雪豹远远不是昂赛的全部。比赛到了第3天，向导嘎玛邀请我们去他家的夏季牧场看看。一条路开到头就是他家，高山草甸之上仅有两户人家的帐篷，海拔超过4600米。背后就是光秃秃的石山，真的到了人类世界的边缘。大鹭和胡兀鹫在山谷盘旋，与我们的视线平齐。高原鼠兔、棕颈雪雀、白腰雪雀四窜，

胡兀鹫

进入大猫谷以来，我们还是第一次看到雪雀。

虽然只是临时住在夏季牧场，嘎玛家帐篷里一切都井井有条，这与我2009年在玉树牧区看到的景象完全不同。如今牧民们住上了防水透光的藏式帐篷，还有电动机器在打酥油。嘎玛的父母已经煮好了酥油茶、牦牛奶，搭配上新做的薄饼，这是几天来我们吃得最好的一顿。

大家决定去后山碰碰运气。寂静的山谷只有风声掠过，巨大的岩石高悬在头顶，溪流边开满了野花，很快我们就看到了宽叶绿绒蒿，只可惜有些衰败。岩羊慢慢多了起来，总有那么几只站在山尖的岩石上，炫耀着攀岩技巧。我们不断地发现岩羊头骨遗留在溪水边，陪伴着花开花落，经受风吹雨打。野性的生命就应该这样在野地里发生、野地里凋亡才对。

两位队友跟着向导继续爬山，我鼻炎发作，有些气短，索性在半坡观鸟。鸲岩鹨、领岩鹨、高山岭雀陆续被记录，还有褐翅雪雀，我的新种。褐翅雪雀幼鸟和成鸟体型已经相当了，站在石头上呼唤着妈妈来哺育。鸲岩鹨带着幼鸟

斯氏高山䶄

在对面的山坡上嬉闹，看似冷漠的山谷处处蕴藏着生机。

在乱石堆里，我们发现了一种仓鼠，个头不大，背部铅灰腹部白，眼睛小胡须长，要么一溜烟地快步跑，要么就躲在石缝里不出来。一查图鉴，"斯氏高山䶄"，名字听起来比很多啮齿目都高级，在观察节的竞赛评分标准中，它和马麝的分值一样，我们是唯一记录到它的队伍。不过我们还是更想看到马麝。

下山路上，嘎玛唱起了藏族民歌，我也兴起，对着远处的草甸唱起了"蓝蓝的天上白云飘"。

昂赛的日日夜夜，如澜沧江水一样飞逝，要离开的那个清晨，我又沿着河边走了一圈儿，留下的遗憾都是再来一次的理由。其实，我也盼着赶紧回到结古镇洗个热水澡，在松软的床上大睡一觉。乔治·夏勒博士说，舒适生活是对野外工作最大的挑战，何况我们只是匆匆旅人。想到这里，我对长年在野外工作的朋友更为敬佩了。

囊谦尕尔寺，远不止有藏鹀

　　玉树藏族自治州囊谦县，青海的南大门，与西藏自治区接壤，即便在青海本地的知名度不算高，但却是中外观鸟人心中的圣地，因为这里有一种叫藏鹀的鸟。藏鹀，20世纪初被俄国人在青藏高原采集并命名，中国特有，颜值高，数量少，栖息地交通不便，自然是"鸟人"梦想看到的高光鸟种，而在囊谦，藏鹀一直有着相对稳定的目击记录。

　　为了这只鸟，我和伙伴们在县城附近的坎达村找了一天，连叫声都没听到，失望至极地回到囊谦，本考虑住下来休整，没想到这里尘土飞扬，野狗遍地，大家很快达成共识，直奔下一个有藏鹀分布的鸟点——尕尔寺大峡谷。

　　夕阳下的囊谦郊外，青稞田上盖着暖暖的金色，一座座辉煌的寺院背靠青色的大山召唤着信徒，弯弯曲曲的小河里，转经筒在水流的带动下一刻也不停歇，牧民围坐在草地上享用晚餐。天很快黑透，我越来越焦虑，这么多年我早已习惯了按计划行事，这次却连住的地方都没着落。

　　进山了，天也黑透，除了车灯照亮的山路、崖壁，什么也看不见，手机信号全无。终于，随着逼仄的山谷逐渐变得开阔，牧家乐也出现了。在阴冷的谷底有四五顶帐篷，冷冷清清没有住客，钢丝床60元，木床100元，按床定价，我还是头一回遇见。有了保底的选择，大家决定继续往尕尔寺前进。

尕尔寺

高原兔

　　约莫过了半小时，漆黑的山谷里星星点点的灯渐渐多了起来。我们停下车，沿贴着悬崖建起的水泥路往寺院走，顶着月光，还能感受到白天阳光留在岩壁上的暖意。正要找僧人投宿，一位穿着摄影背心的人出现在路边——摸黑上前打招呼，竟然是在昂赛一起参加"自然观察节"的郑康华老师，他早一天入住，直接带我们去办了登记。不敢想象，深山里有如此舒适的寺院宾馆，洁白的被子晒得蓬松，电信手机还有3G信号。这一夜，我们伴着寺院入睡，自然香甜。天蒙蒙亮正准备动身，几只岩羊围着大家讨吃的，可地主家也没有余粮啊。

　　峡谷的壮美终于展现出来了。这里是青藏高原和横断山脉的过渡地带，山势陡峭，海拔上升很快，高大的乔木很快没了踪影，灌木、草甸取而代之，阳光迅速翻过山脊照进车里，两三个雉类的影子突然在我右侧的山坡上出现——黄喉雉鹑，并不算常见。它们很警觉，小步快跑着翻过了山坡。我们猫着腰追踪，终于拍到了它们尖叫着飞向谷底的身影，翻看照片再次确认鸟种时，我感

黄喉雉鹑

到一阵气短，4500多米的海拔，的确挺考验人。

话说这黄喉雉鹑是中国的特有物种，与红喉雉鹑有着共同的祖先。随着青藏高原的抬升，早更新世冰川期气候变冷，它们的祖先种群出现分化，被隔离在横断山脉的种群进化为前者，向西藏青海扩散；在岷山山脉的种群进化为后者，它们再也没有相遇过。二者一度被归为雉鹑的两个亚种，近十几年来才从遗传特征的角度分为两个独立的鸟种。

有了黄喉雉鹑提振信心，我们乐观地预计藏鹀就在眼前了，可一路前行都没有踪影，曙红朱雀倒有不少。戈氏岩鹀出现时，小伙伴一阵激动，还以为是藏鹀雌鸟。

很快到了垭口，再往前一路下坡，就是西藏地界了。我们决定下车看看。草甸里林岭雀飞起又落下，远处还有绢蝶的影子，两位同伴头也不回往前走，他们拍到了经幡下的狼，只有三四十米远！我连忙赶去，晨光下，它油润的皮

白马鸡

毛隐约有些金黄，每跑一段就停下脚步看看我们，双眼透着寒光，又有点鄙夷。狼又沿着山脊线跑了一会儿，背后是淡蓝的山脉，没有比这更能衬托顶级捕食者的环境了。

狼曾经广泛分布于中国大陆，覆盖雨林之外几乎所有的生境——山区、苔原、森林、草原、荒漠，甚至是农业区，遗传学分析显示，青藏高原的狼在进化上自成一支，其与非洲金狼的亲缘关系几乎和其与北方狼的亲缘关系一样远。

如今狼还残存在东北、内蒙古和青藏高原等地区，这些年，生态保护在局部区域见到成效，比如贺兰山的岩羊、大丰的麋鹿种群在野外快速恢复，问题随之而来：顶级捕食者的缺位让优胜劣汰的机制失灵，当地生态系统，尤其是植被承载着越来越大的压力，尤其是在贺兰山，要不要重新引入狼呢？

而我们眼前的山谷，堪称停泊在第三极的挪亚方舟。雪豹、豹、狼、猞猁、棕熊等大型捕食者共存，这意味着狩猎台上有足够多的大型食草动物，比如马鹿、白唇鹿、马麝，还有高原兔、川西鼠兔、喜马拉雅旱獭等中小型兽类，当然还有几十种鸟类。

真得感谢藏族同胞对自然的呵护——午饭时我不假思索地用纸巾捏死落在酸奶碗里的苍蝇，身旁的藏族小伙子神色大变，埋怨我为什么不放它一条生路。

太阳很快升高，伙伴们决定爬山继续找狼，我没有太大兴趣，沿着公路观鸟。这些年，青藏高原变暖的趋势越发明显，走着走着居然一身汗，按照9年前的经验带的羽绒服压根没有派上用场。我脚下的这片土地，在从未有过的环保运动中越发光彩夺目，却也走到了充满不确定性的十字路口：气候变暖和城镇化，会把高原生灵和它们的家园带向何方？

临近中午，山谷愈发寂静，我们一无所获，决定去谷底避暑，由于在昂赛出师不利，屡次错过马麝，此行最想见到的兽类就是它了。之前听公众号猫盟CFCA的朋友介绍，白扎林场场部附近的山坡上就不难见到，可惜工人告诉我们由于林子太密，场部又在施工，遇见的概率很低，我们的心情也降到了谷底。

蛋白质可以抚慰受伤的心。在牧家乐吃过清水煮熟的牦牛肉，大家伙儿又有了劲头，但一路上连鸟叫都少了很多，只有寺院周遭成群的岩羊给了我们一点儿慰藉，如果是食物短缺的冬季，这里还会有猕猴光临。

傍晚时分，狂风大作，我们赶紧躲回尕尔寺宾馆，僧人们给我们剩了点面条，搭配着压缩饼干果腹。玉树之行就要收尾，微信群里不断有人询问战果，我们也没有初到时那么放松了，在昂赛看不到雪豹，到了囊谦再找不见藏鹀，怎么好意思说去过玉树呢？

第二天大家顾不得吃早饭就出发了，又是阳光明媚的清晨，路边高原兔、白马鸡、岩羊闪过，但都是重复昨天的故事。

转过一个急弯，对面山坡上的景观令我们震惊——几十只岩羊聚在一起觅食，相当一部分是未成年的个体，阳光照在山坡上，一片白花花的高光。我们慢慢靠近，年幼的岩羊突然兴奋起来，扎堆往山下跑，又像是听到了口令集体

岩羊

掉头跑回去，这让我回忆起中学时的体育课。紧接着，山脊线上的母羊表演了弹跳功夫——跃起，舒展四肢，落下，再弹跳，轻柔而灵巧，好似踩在了蹦床上，如此反复。草甸是舞台，山体是幕布，岩羊短暂的演出让我们惊呆了！

我隐约想起一年冬天独自走在贺兰山谷，两侧是峭壁，只有一条缝的视野，岩羊跳着踢踏舞从我头顶路过，不时有碎石块哗啦啦地滚落。

好运来了根本挡不住，继续前行没几步，一只鸫贴着路面从车前飞过，藏鸫！这次没错。黑、白、灰三种高级的色彩和栗红色组合在一起，典型的繁殖羽色。它站在鬼箭锦鸡儿上鸣唱，周遭是低矮的总状绿绒蒿、圆穗蓼，没有比它更雅致的鸟儿了。没有经历过煎熬的人，无法体悟这种突如其来的惊喜。好吧，我们是见过藏鸫的"鸟人"了！雌鸟也"一网打尽"，色彩没那么浓烈，有点儿像砂纸打磨过的雄鸟。

没错，这是它们典型的生境：海拔4600米，长有茂密杂草和稀疏灌木丛，有乱石，人的活动并不频繁。七八月间正是藏鸫的繁殖季，根据扎西桑俄等人

藏鹀

的观察，每对藏鹀一窝能产下2—5枚卵，但出巢率偏低，除了放牧、雨水的影响，对藏鹀直接的威胁是食肉动物特别是獾的捕食。他们尝试了很多办法，最后发现在鸟巢附近放置汗味儿较重的衣服是恐吓这些食肉动物的最佳方法。

好吧，热爱鸟类的"鸟人"如此保护藏鹀，如果有喜爱猪獾、狗獾的"獾人"知道了，又会怎样抗议呢。

拍过照片，我又把相机架在伙伴身上录视频，他一喘气，画面就起伏一次，真后悔没有带三脚架。

目标终拿下，我们决定往更高海拔进发，此次玉树之行我似乎没什么高原反应，鼻炎却很要命，伙伴们两次爬山我都退却，眼看着要离开了，不走一遭说不过去。

呼哧呼哧爬坡，寻觅藏雪鸡未果，我们却闯入了高山花园。

在雪线之下，连片的草甸、灌丛之上，是一片接近荒芜的地带，布满了沿着陡峭山坡缓慢滑动的岩块与碎石，这被称为"流石滩"。夜间严寒，白日强光辐射，当然还有终年不止的狂风，生活在这里绝非易事，但总有一些植物用自己的生存策略扎下根。比如黄花合头菊，紧贴在地面生长，几乎没有地上茎，只是在基部生有一摊叶子，花开在叶子之间。这种低矮策略避免了狂风的伤害。

更有意思的是长在两块岩石间的歧穗大黄，肥大的叶面素性就把缝隙填满，不多不少严丝合缝。我们越爬越高，惊喜不断，洁白的杂多点地梅，有的红，有的黄，夹杂成一簇一簇，依靠石缝里先锋植物储备下来的那么一点点土壤，释放生命的活力。而此处的全缘叶绿绒蒿，也比山下的低矮很多。

毛茸茸的棉参在棱角分明的碎石衬托下更为柔弱，当它们和唐古拉翠雀或紫花粗糙黄堇同框出现时格外惹眼。最让我们惊喜的是水母雪兔子，躲在背风的岩石下，穿着长毛防护服，并不太容易发现。但这身装扮不仅能够起到保温的作用，在白天强光辐射时，还能抵挡多余的射线。同时，植物叶片蒸腾出来的水分，也会被保留在白毛的防护服中，以便循环使用。

水母雪兔子

比起山谷里一树的铁线莲，满地的垂头菊并不算亮眼，但在时而风雨交加、时而晦明变幻的流石滩上，它们的出现让孤独的心灵有了慰藉。

在一块巨大的岩石下，我静静地坐着，看着头顶一片片过路的云，把阳光挤来挤去，远处的雪山明了又暗，真不知道哪天还能回到这片空中花园。也许雪豹，昨天就在这里俯瞰过属于它的国，还有行走在它脚下的我们。

当晚我和伙伴们回到玉树藏族自治州府结古镇，无意间走进当地人的副食品店，成捆的雪兔子被倒挂在门头，当作"雪莲"出售。在山巅历经几年风霜雨雪才长成的植株，只是名字沾上了"雪"，就遭遇这灭顶之灾。我们这些刚膜拜过高山花园的自然爱好者，只有一阵心塞。无奈，这就是绝大多数人与自然的链接。

回到家中，我整理行头，猛地发现伴随我多年的登山鞋经历流石滩的磨砺后已经面目全非，这令我更想念那些在石缝中绽放的生命了。

没错，我中了高原的毒。

我们是看过雪豹的人了！

每次乘坐飞机飞临青藏高原东南部，我都会打起精神远眺群山与河流。隐藏在群山和河流之中的是一座座"生态金字塔"，包括雪豹、狼在内的大型食肉动物处在金字塔的顶端，鼠兔、喜马拉雅旱獭等物种夯实了塔基，在这样的稳定结构护佑下，发源于此的长江、黄河和澜沧江才支撑起了中华文明和中国经济。群山之间偶尔出现的公路代表着人类活动，在这幅壮阔的画面上留下的只是一条浅浅的细线而已。没错，在世界第三极，人真的很渺小。而雪豹不同，它的身上浓缩了人类对荒野的终极赞美：力量、美丽、隐秘。

新世纪的20年，在研究经费、监测技术和互联网传播的催化下，雪豹开始从传说中走出来，进入公众视野，但目前也只有约2%的雪豹栖息地被纳入科学监测范围，科学家对全球种群数量的估算也只能很粗略地表述为4000~7000只。

2019年春节，我和妻子前往位于青海玉树藏族自治州杂多县的昂赛大猫谷，目前已知的世界上雪豹密度最高、种群生存状况最好的区域之一，参加当地牧民主导的自然体验项目，寻找雪豹。这有点复仇的意味：在半年前举办的昂赛"自然观察节"，多数参赛队伍都记录到了雪豹，但我和两位同伴，自诩有着丰富的自然观察经验，却没有这个运气。

从玉树藏族自治州府结古镇到昂赛乡，车程大约4个小时，因为十年一遇

昂赛峡谷阴郁的雪景，让我联想到黑森林蛋糕

的雪灾，我们走了整整一天。在垭口两侧的公路边，时不时可以看到陷入积雪的车辆，好在热心的路人都会停下来，喊着号子帮一把，事成之后大家爽朗的笑声，让人暂时忘记了这是一场灾难。

进入昂赛乡地界，开阔的视野顿时变得狭窄，我们行驶在砖红、土黄、雪白涂抹出来的扎曲河谷中。阴沉的天，满地的雪，把大果圆柏衬托得漆黑，野生动物却很难被冰雪封住，白马鸡、高原兔时不时从车头前跑过。

入夜，我们在犬吠中终于看到了山脚下的灯光，负责接待的牧户主人热情地把我们迎进屋。然而，一进门，我和妻子的心顿时凉到了谷底：昏暗的灯光下，没有满桌的饭菜、零食，也没有热腾腾的酥油茶，只有夹生米饭和血腥的炒牛肉。卧室阴暗潮湿，床单上的"土渣"后来被我们认出是积攒许久的老鼠屎。我们只得用被褥搭起背景，和父母视频拜年后早早睡下。当地合作社的公约就是被选定的牧户按次序轮流接待，我们的运气颇为不佳，碰到了卫生状况

川西鼠兔

不好的家庭。生活上暂时的窘迫不值一提，毕竟雪豹还在等着我们。

　　第二天早起，一推开门，白腰雪雀、领岩鹨和麻雀就围了上来，牛圈边还有一只高原兔在翻找吃食。大冬天的，大家讨生活都不容易，只有正在冬眠的喜马拉雅旱獭和棕熊还在呼呼大睡，没有生计的压力。

　　太阳刚把山尖照亮，雾气就从水面升起，我走到河边欣赏雾凇时，牧民在院子里突然朝着我们大喊："萨！萨！"这是雪豹的藏文名发音。我上气不接下气地跑回去，大家已经在用望远镜扫描对面的山坡了，原来是听到了雪豹的吼叫。它们在冬季求偶、交配，求偶呼唤和气味标记的行为达到峰值。我们努力地搜寻，但目标范围实在太大了，只能放弃。

　　吃过糌粑，我们直奔热情村，雪豹目击概率最高的山谷之一。这里的山势陡峭，灰白的岩石在山顶挺立着，半山腰是大片的草甸，岩羊成群地出现，对雪豹来说，这是绝佳的狩猎场。

冬天的藏鹀，羽毛蓬松，好似一只绒球

刚经过一处摩崖石刻，路边所见就让我震惊了：藏鹀在路边松软的泥土里觅食，一群！21只！雄鸟的羽毛比夏天蓬松了许多，棕红、灰黑的色块对比更加强烈。也许是天冷，觅食困难，它们的警觉性也比夏天低了很多，我和妻子慢慢靠近观察，它们毫不在意。要知道，这是无数观鸟爱好者前往玉树的最大动力，我和同伴曾在夏季找了整整一周，直到离开囊谦前的清晨才看到两只。

再往前行，积雪融水汇集在路面上，又结成冰，大伙儿只能下车步行。也许是在北疆长大的缘故，我很享受在清冷的山谷间徒步的过程，不管是在贺兰山还是秦岭、岷山，寒风只是轻描淡写的注脚而已，越走越热的身体是在和大山对话。

忽然一阵骚臭味传来，路边还有一片鲜红的血迹，不远处是牦牛的尸骨。"这一定是雪豹干的，还用尿液标记过！"同行的藏族小伙子求尼旦土侦查了一番，他估计雪豹捕食的时间就在两三天内。

我们的信心更足了。白眉山雀清脆的叫声在山谷里回荡，雪鸽集群飞过头顶，马麝从路边的灌丛中猛地跳了出来，十几秒的工夫就从山坡上消失了。

一路上，我们都在向牧民打听雪豹的情报，但得到的反馈总是两三天前刚刚见到过，今天的呢？

住在热情村最高处的一家人自豪地告诉我们，一只雪豹在附近的山崖上停留了三天之久，但今天就没看到了。男主人格列热情地邀请我们喝了茶再前行，但我们还是想把更多的时间留给雪豹。可好运气还是没有出现。返程时，好客的这家人在门口等候，一家人都换上了节日的盛装，身上挂满了蜜蜡、红珊瑚和绿松石迎接我们。阳光斜射到了屋内，炉膛里的牛粪烧得正旺，四周没有一点灰尘。钢筋锅和水壶都有年头了，还被擦得锃亮。真没想到，守着雪豹频繁出没的寂静山谷，一家人还能把日子过得这么精致。女主人弯着腰，把酸奶、包子、水煮牛肉端上桌，我和妻子顿时有了过年的感觉。

第二天、第三天……直到第五天，我们又观察到了孤沙锥、鹮嘴鹬、花彩

马麝总是出现在长满低矮灌木的山坡上

雀莺，还有被金雕赶下山的藏雪鸡。与白唇鹿、赤狐、岩羊的相遇也无须多表，而且每天都能发现雪豹的痕迹。也许，雪豹一直趴在岩石上回味着美食，俯视着一次次从它的目光下走过的访客。

一个阴冷的下午，我们发现山坡上有一只刚被雪豹咬死的岩羊，胡兀鹫在上空盘旋，三只凶狠的流浪狗围在附近，高山兀鹫、喜鹊试探着靠近，但总被凶悍的流浪狗咆哮着喝退。在藏獒炒作热潮之后，流浪狗成为最可怕的捕食者，它们会抢夺雪豹的猎物，杀死雪豹幼崽，甚至伤人。但治理是件棘手的事情，毕竟还要顾及牧民的宗教信仰（这信仰也在护佑着包括雪豹在内的野生动物）。

"我估计是雪豹捕到岩羊后，又被狗发现了，它肯定打不过，就在附近埋伏着。"求尼的分析让我们又燃起了希望。但大家用望远镜，在灰白的石山搜寻了许久，天黑了下来，就是没有找到雪豹的踪影。

此后两天，我们前往另一条山谷碰运气，但每到当卡村，总会被热情的老乡拦下来，向我们通报在无线电台里接收到的新鲜情报——

第一天是金钱豹，放牛的牧民循着吼叫声亲眼看到。这实在是个爆炸新闻，我们立马

这是昂赛离雪豹最近的一户牧民

掉头奔过去，正在昂赛工作的马敬能、卢和芬夫妇（分别是2000年版《中国鸟类野外手册》的作者、中文版译者）也闻讯赶来，但也没有找到。

我在寻找金钱豹的高坡上静静地欣赏着脚下壮丽的山谷，每走一段，景观都在变化，河谷对岸的山峦，像一口大钟，静静地陪伴着不舍昼夜的澜沧江。牧民家给我们带路的孩子们欢笑着跑下山，声音越来越远，我慢慢地下撤，冷风中偶尔有细碎的鸟叫声传来，雪地里满是白马鸡的脚印。

第二天，情报的主角是雪豹，它在热情村咬死牦牛后一直没有离开，已经两三天了。可天色眼看着就暗下来，车程至少需要40分钟，我们回到住地商量对策。牧户一家都钻进了我们的房间，急切地看着我们。虽然语言不通，但我明白他们的心情，对远方的客人来说，昂赛在一定意义上就是雪豹。我们决定再试一下，可还是失败了。

这一夜，我辗转反侧，下午和妻子讨论的问题并没有答案——如果我们没

尚未封冻的溪流边，我们找到了孤沙锥

有设定雪豹这个目标，在昂赛的这些天会不会更值得回味？

最后一日，我们天不亮就启程了，再一次赶到热情村时，太阳才刚刚照进山谷。我和妻子怀揣着全部的期待，敲开了牧户的家门。男主人多高布索揉着惺忪的睡眼，轻描淡写地说："雪豹就在屋后的山坡上，我前些天在山上干活时，好几次看到你们的车路过……"

在多高布索的指引下，我们把单筒望远镜架在路边，很快找到了牦牛的尸体，还搜寻到了柏树后面一根长长的尾巴，黑白相间，"雪豹！"我们忍不住叫了出来。

没过一会儿，那根尾巴猛地动了起来，雪豹冲向牦牛尸体，赶跑了不知轻重的喜鹊，斜躺在猎物旁边，眯着眼睛打起了盹。我们终于看清了雪豹的全貌：这是一只强健的雄性，污白的毛色打底，大大小小的灰黑斑块从头顶一直延伸到尾巴。一呼一吸时，雪白的肚皮也起起伏伏，在望远镜里，我似乎触摸到了雪豹的脉搏。尽管在海量的影像资料中一次次打量过，但此刻才是真实的。

它的头突然抬了起来，眼中露出蔑视一切的光，皮毛之下似乎能看到它强有力的咬肌。略微卷曲的尾巴也动了一下，蓬松而粗壮，几乎和身体的长度一致。

回头再看看妻子，她脸冻得通红，用手指轻轻地抹去眼角的泪，这些天的艰苦，在这一刻值了。我们是看过雪豹的人了！

告别时，我问多高布索，每年因为雪豹损失五六头牦牛，不恨它吗？他的回答很平静："一直都是这样的，我们总不能再去伤害吧。"没错，牧民、雪豹、牦牛、草场，都是生态金字塔中不可或缺的一部分，能量的循环从未停止过。在牧民心中，雪豹还是平行世界的主人，是雪山圣灵，捕食牦牛也是神的旨意，不需要仇恨，更没必要报复。

如今，昂赛正在探索中的自然体验，吸引了来自全世界的旅行者、艺术家、纪录片制作人、学者，这让社区、接待家庭均衡受益，和野生动物肇事补偿一样，或许都是信仰之外的另一种平

历经一次次波折，我们终于在离开昂赛的清晨看到了雪豹

清晨的昂赛峡谷

　　衡。这些来自现代文明的外力，正在和公路、可口可乐、微信一起，改变着大猫谷。我们无须急于评价这样的改变，在时间的洪流里，谁都有向前奔跑的权利，一起做出最有诚意的努力，沉淀下真实的自己，才是最宝贵的财富。

　　离开昂赛时，风雪越来越大，夏天长满康定鼠尾草的山坡，又是雪白的一片。四季流转，草木枯荣，我们只是过客，牧民和雪豹才是这里的主人。

鼠兔、旱獭和人，谁错了？

分析问题时，把结果当成了原因，会怎样？我们在青藏高原最容易遇见的两种野生动物，高原鼠兔和喜马拉雅旱獭，就因此背负了沉重的罪名。

2009年夏末，我在青海省玉树藏族自治州结古镇郊外的赛马场上跟踪一只叼着毛虫的角百灵。角百灵有婉转清脆的鸣声和头顶一对犄角般的黑色羽毛，在一众雀鸟中的辨识度很高。在青藏高原短暂的繁殖季，跟着这位勤劳捕食的家长，一定能发现角百灵宝宝。我端着相机，猫着腰，慢慢靠近。它似乎也不畏惧，突然落到草地间，一只鹅黄色的大嘴从地里冒了出来，急切地接下美食，妈妈旋即离开，宝宝也忽地不见了。

它去哪里了？

鼠兔的洞！同行的藏族朋友不假思索地说。角百灵、雪雀都会利用鼠兔废弃的洞穴繁殖或躲避风雪，而地山雀几乎只在有鼠兔的区域出现。很快，我们在附近发现了很多杯口大小的洞，有的明显荒废许久了，有的洞口还有新鲜湿润的土壤，主人还在。

我们稍稍走远，高原鼠兔就钻了出来，这种有点像老鼠的迷你版兔子，没有尾巴，和当地常见的高原兔都属于兔形目。观察到四周暂时没有威险了，它快速地咀嚼着鲜嫩的草，看上去一些开花植物也很合它胃口，好一个"花吃

广泛分布在青藏高原的高原鼠兔是当地生态系统的基石物种

啊。告别青藏高原许久，我脑海里浮现最多的就是这大眼睛的家伙。

在玉树的旅途中，我总观察到鼠兔一边看似忙乱地吃着禾本科、莎草科植物，一边监视着周围地区是否有异动，时刻准备逃回洞中。除了高原鼠兔，当地还有川西鼠兔、藏鼠兔、间颅鼠兔等。

在自然生产力低下的青藏高原，从大鵟、金雕、猎隼，到艾鼬、兔狲，再到狼、藏狐，甚至棕熊，众多的捕食者都离不开鼠兔。如果你有足够的耐心，一定能亲眼看到弱肉强食的场景。在隆宝滩，我们甚至观察到黑颈鹤嘴里叼着鼠兔。 鼠兔还有更低调的贡献——把肥沃的土壤带到了地面，让营养物质得到循环利用，增加了植物的多样性。在生态学者眼中，鼠兔就是高原上的"基石物种"。

但如果草场受到了太多人类干扰开始退化，植被低矮，土壤疏松便于打洞，视野开阔更利于"放哨"，鼠兔就会大量繁殖，四处开花的洞穴又会加剧草场的破碎化。人们仅从表面现象观察，就笃定鼠兔是导致草场退化

捕食鼠兔的藏狐

的元凶，实际情况却是由于人类破坏自然平衡，刺激了它们的种群爆发。鼠兔的爆发，其实是生态系统出现危机时的预警信号。

20世纪70年代，在四川若尔盖，人们为了放牧，大肆修建排水渠降低湿地的水位，开发出来的草场很快出现退化趋势，这为鼠兔的种群壮大提供了绝好的机会，于是人类又迁怒于鼠兔，可大规模的毒杀并没有将鼠兔赶尽杀绝，还污染了土壤和水源。

从青藏高原的边缘到腹地，每年耗资数亿元的灭鼠运动并不能有效阻挡鼠兔超凡的种群修复能力，在投毒的第二年，它们的数量甚至会超过灭杀前——肉食兽类和猛禽因为鼠兔被毒杀而大幅减少，甚至食用了被毒杀的鼠兔后死亡，大自然的自我调节机制被严重破坏。

受损的远不止这些。牧民发现，在一些灭杀过鼠兔的草场上，草原毒蛾的幼虫会明显增多，牧草受损，很可能是因为毒杀鼠兔的同时，与鼠兔同呼吸共

猎隼在电线杆上用锋利的喙撕开鼠兔的皮毛

命运的鸟类也受到牵连，虫子的天敌变少了。

从鼠兔，到它们的共生者、捕食者，再到草场、牧民，当地生态系统中没有任何一方在这场运动中获胜。

和鼠兔一样，喜马拉雅旱獭也充当着生态工程师的角色，藏狐、赤狐、荒漠猫、兔狲都会扩建、改造它们的洞穴，加以利用。可这种矮胖的大型啮齿动物比鼠兔还冤。偷猎者觊觎它们的皮毛、油脂和肉，在密切接触中被感染鼠疫，甚至引发过一定规模的疫情。身为受害者的旱獭，反被认定为鼠疫的元凶，成为疫情防控捕杀的目标。生态学家调查发现，鼠疫的疫情和旱獭的密度并没有直接关联，人为控制旱獭的密度，反而导致棕熊等肉食动物猎物减少，使得棕熊更频繁地侵扰牧民的定居点，加剧了人兽冲突。

2019年春节，玉树遭遇雪灾。天和地都是阴郁的茫茫白色，高原鼠兔从雪里冒出来，甚至跑到公路边积雪被铲除的地方觅食，开车的藏族兄弟默念着经文，顾不得车辆打滑，不停

主要以鼠兔为食物，艾鼬的种群要在有大量鼠兔的区域才能维持

因为投喂和猎杀等密切接触，鼠疫难免从旱獭传染至人

地打着方向盘，极力躲闪，生怕碾压到了它们。藏狐也很忙碌，低着头，在雪地里匍匐，伺机捕食鼠兔，直到嘴里叼了3只才快步远去。遇到这样的年景，大家都不容易。

　　青藏高原保留着世界上最完整、最原真的生态系统，和南北极一样，在更艰难地直面气候变化的影响。当地弥足珍贵的藏族传统文化，也在直面前所未有的社会经济发展热潮，如何在层层叠加的变量中探索人与自然和谐共生，需要的不仅仅是科学的态度和解决方案，还得放下私利，保持敬畏、诚意和远见。

对话吕植：
生态公平在何处？

我多次到访的秦岭和三江源，都是北京大学保护生物学教授吕植长期倾注心血的地方。在秦岭野地跟着导师潘文石教授研究大熊猫的岁月里，她经历了环境保护的至暗时刻，也促成了历史的剧变。在三江源，她带领团队"山水自然保护中心"从当地传统文化中找到保护的原动力，以学习的心态探索生态公平的新可能。

山水之间，择一事终一生。30多年的坚守，都有哪些体悟？一代代人接力的保护工作，要达到怎样的目标？ 2019年8月的一个夜晚，我们在玉树长谈。

您曾在秦岭做了10多年的野生大熊猫研究，是什么机缘又开始了三江源的研究和保护工作？

我在20世纪90年代初就想去青藏高原，理由跟大多数人是一样的，觉得那是一个特别神秘的地方，有点类似游客的好奇心态。第一次到青藏高原是1995年，大自然的感染力，让我难忘。

我是做自然保护工作的，所以常和当地牧民聊天。让我印象深刻的一点，对我来说也是一个教育和启发：这儿的老百姓从来不问我为什么要做保护，为什么要保护野生动物。而这又是我一直很困惑、不知该如何回答普通老百姓的问题：保护和老百姓到底有什么关系？

在20世纪80到90年代，我在秦岭做大熊猫研究，这个问题我始终没有回答好，只能照搬墙上的那句标语说："保护大熊猫就是保护人类自己。"这个"人类"是特别泛泛的一个概念，具体到张三、李四、胡万新的时候，到底跟他有啥关系？他的孩子明天要上学，需要钱，那么砍一棵树，马上就能挣到这笔钱，这是立马能兑现的事情。这有错吗？错在哪里？其实我自己也没把这个逻辑想清楚。

大家知道生态系统很重要，对下游的人来说意味着水源，有很高的价值，但这个价值不能马上变现，在人们还很贫困、很需要钱的时候，我不能自圆其说。我只好跟大家说："我是来玩的。"但大家也不完全相信我，因为玩一天、玩一个月可以，但玩一年、玩七年，这就有点奇怪了。所以怪就怪吧，可是我心里实际上是很悲哀的。我常常觉得做保护是一个好高骛远的想法，很难实现，因为保护一只大熊猫，就照顾不到那么多人了。

但是到了藏区后，我一下子豁然开朗。1996年的时候，我到西藏昌都，跟昌都林业局局长聊天：

"你们有多少保护区啊？"

"我们有56个。"

"不对啊，这名单上只有一个保护区啊？"

"1个是官方的，55个是我们老百姓自己保护的。我们这儿神山多，我们的神山是老百姓自己保护的，我们也都支持他们这么做。"

这对我来说太新鲜了。这个地区用什么样的规矩行事？人们为什么会听神山、圣湖的话？后来我发现，这个传统一直在，延续了很多年。虽然经历了各种各样的更迭起伏，但是传统并没有消失。难道这里的山、水、土地，是属于一个平行的世界吗？以前认为保护是不太能做到的，但是在这里，老百姓自己可以做得非常好。这更新了我的认识：我限于自己的知识和教育背景，从来不知道有自觉做保护的存在。现在才知道：人可以有完全不一样的一套价值观，而这套价值观里对环境的看法，是可以把保护变成现实的。

回想过去，我一直在跟别人打架。今天扑上去说：这儿别砍；明天说：那儿不能打猎；后天说：大熊猫不能捕杀……每天早上一睁眼就是干这些事。不由感叹"神山圣湖"这个体系太好了。后来我们也在三江源地区做了一些研究，发现"神山圣湖"体系跟我们保护区类似，有内圈、有外圈、有保护的戒律，甚至比保护区还保护得严，关键是老百姓都遵守。这种自觉的保护不是有法律和政策的约束，而是一件本身就要遵守的事情，天在看，神在看。所以当时想要把"神山圣湖"的体系介绍到传统官方的保护体系里来，因为它真的管用。

还有一个说法，一直让我困惑：我们穷，所以不能保护环境，保护环境是人富了以后的事情。这个说法不是没有道理，因为西方发达国家就是这么走过来的，都是先污染再治理，先破坏后保护。有人描述它是一条曲线，叫"库兹涅茨环境曲线"，横轴是人均GDP，纵轴是资源使用。这些环境问题，在最低的时候，也就是收入很低的时候，拼命利用资源，到了一个临界点后开始往下拐。所以在临界点之前，利用资源、破坏环境就是合法、合理的事情。这也是之前我在西南地区看到的情景。

但是，藏区在很穷的时候就在保护环境，这是对发达国家经验的挑战。我看到了一个非常有希望的前景，这就是我从秦岭转到藏区，一直坚持下来并不断向当地学习的初衷。比如，上次来藏区的时候前往零塑料社区，这个社区完全不用塑料，为什么呢？因为塑料垃圾遍地扔，对人和牲畜都不好，而且塑料垃圾流到水里，一直会流到下游的江河、海洋里，污染环境。他们自己讨论的结果是，要少用，要减少对饮料、塑料袋装食品等的需求，这样不仅减少了垃圾，而且节省了花费。到后来，那个社区的老百姓看到塑料都不喜欢了。

　　提到您北大教授的身份，我们总是想到教学、科研、申请项目这些规定动作。是什么促使您创办"山水自然保护中心"推动生态保护？

　　创办NGO（非政府组织）显然不是一个教授分内的事情，但我从来没有觉得自己受某一种角色的限制。如果我写一篇论文，文章写保护应该这样那样做，因为我通过调查和分析以后发现问题在这儿，应该如此做保护，就完了。这就是学术标准流程了，对吧？但我想多走几步。非常幸运我能有条件做这些。

　　现在有些年轻人说："我也想做你这样有意义的事情。"

　　我说："你要想好了，这样'有意义'的事情会带来其他方面的损失，你要想好你要什么。"

　　话说回来，北大确实比较宽容，给了我很宽松的环境，内心深处我是非常感谢的。成立NGO"山水自然保护中心"，初衷很简单，就像搞医学的人发明了一种药，希望这个药在人身上试验以后是真的有效果。所以，NGO对我来说，像医学院的附属医院一样。

　　保护要很多人一起做才行。只有很多人去做了，才会支持更多的人去做。大的政策改变是很多人推动的结果，不是一两个人在那儿游说，也不是缺你不可。但是呢，我们碰到了那一两个人，然后我们交流了，就可能带来改变。你看，我们来了很多年轻的研究生，他们有着一腔的热情，不知道到哪儿去施展。那我们起的作用，就是"人家想睡觉，你来递一个枕头"。很多时候就是一个小小的帮助和支持，或许对我们来说不费太多力气，但是对别人可能真的会起一些作用。我们乐意做这种连接的工作。

　　以社区为主体的保护模式在三江源成果丰硕，还存在哪些挑战？

　　我觉得根源上的难点，仍然是信任问题，就是我们怎么能够在不是特别长的时间里获得最真实的信息，以便和大家共同讨论真正的需求。因为以社区保护为主体的含义就是：保护是社区想做的。如果社区不想做，你怎么做都没用。社区为什么想要做保护？在藏区，文化层面的认同是有得天独厚优势的。

三江源也好，整个藏区也好，世界是在快速变化当中的。我们要不停地发现新的问题，然后应对它。无力感和焦虑感是时时存在的，对于社区做工作的年轻人来说尤其如此。他们每天都关注社区发生的事情，觉得自己帮不上忙，解决不了问题，然而问题又那么多。但是从更大的层面讲，政府、社会企业和公众对保护的支持力度大大提高了。

慢慢来，纵然有很多矛盾、问题不能马上解决，但是我们有了耐心和底气。

我们接受的很多项目支持，都希望快速见结果，这是一个考验。如何从本身很漫长的过程中，总结出一些快速的结果展示给大家？这方面，我们还是有进步的。与此同时，我们不放弃用长时间的努力，去达到质的改变。

很多行业内人士、科学家，都缺乏跟外界沟通的能力，这是我们要学习的重要方面。我现在能滔滔不绝地和你讲话，这也是做了 NGO 以后培养的沟通能力。在这方面，我们只能用比科研更高的要求，让自己更加勤奋。

三江源保护面临的最大问题是什么？"山水自然保护中心"如何应对？

我们在做野生动物的保护，更多的问题还是在草原上。不管是人也好，动物也好，生活最根本的基础是草原，然而草原到底在发生着什么样的变化，我们并不完全清楚。由于信息的缺乏，或许我们了解了其中某一方面，但是不了解全局。

不管是三江源，还是整个青藏高原，受气候变化的影响是巨大的，但现在我们不清楚气候变化到底会给我们带来什么影响：短期是什么影响，长期是什么影响。我们看着冰川在融化退缩，湖面上升了，接下来呢，降雨量和整个气候的调节，是一个怎样的互动关系？我们要做更深入的工作，然而我们自己的知识储备还不够，不可能什么都懂，要更多专业的人来一起配合，然而一旦人多了，专业多了，又需要协调，各方面难度相应增加。所以我们也不断给自己挑战，希望能够多做一些工作。

我不知道我们是不是能回答上面说的问题，但是我们应该至少从数据积累做起来，也许要用几十年的时间来回答这个问题，希望不会太晚。

这些年，公民科学越来越受到欢迎，公众在接受培训后参与科学监测，为保护工作积累了数据，也引导更多的人真正地支持保护，您对此有什么期待？

在英国，鸟类的数据都是由观鸟爱好者提供，就连做图像识别都请公众来做。在我们国家，自然的数据尤其是生物多样性的数据是非常缺乏的。一个物种它在哪里生活？这是研究的第一步，就已经很难回答了。我平时特别讨厌人家问我这个问题，因为我回答不了。作为一个研究了这么多年、号称是研究动物的专家，我只能回答几个物种的问题。所以这里是有一个巨大的空缺要填补的，如果全都由国家组织专家来调查，时间、人力、资金都跟不上。但是我们已经做过一些尝试，发动自然观察爱好者在全国范围内调查。比如青头潜鸭、中华秋沙鸭就是成功的案例，信息的空白很快就被填补起来，这样就往前走了很大一步。

我们知道，很多专家做自然观察调查的时候，只能找到一个案例，还是通过读文献的方式。比如勺嘴鹬，当时科学家报道的就几个地点，而当公民科学的数据来了以后，几十个地点就出来了，这是巨大的进步，是成功的例子。而且对于普通公众来说，"我看到一种鸟"，不是说我去看看就完了，而是这种鸟填补了一个科学信息空白，对公众来说也有成就感。此外，对观察者来说，这也是一种不同的感受：多认识一种鸟，多识别一种植物，在这个地方，就像多了一个朋友。人需要有各种各样的经历来填充自己的生活，丰富自己的经历。进行自然观察，对城市人来说，有非常好的疗愈作用。

"山水自然保护中心"一直倡导生态公平，从长江源到中下游，生态公平如何实现？

"生态公平"是"山水自然保护中心"的价值观。为什么用"生态公平"这个词，不是简单说要保护多少面积，要保护多少物种。因为我们在保护物种、保护面积的过程中发现，是人在起作用、做选择：人做什么样的选择，决定了有什么样的结果。所以我们想针对这个根源，做到三个"公平"。

第一个是通过改变人对自然的态度，来改变人和自然之间的不公平，这是作为一个自然保护组织最根本的信念。

第二个是传统与现代之间的公平。通过这么多年在藏区的工作，我们发现当地人有解决方案，那么我们应该有文化尊重。我们通常会有一个潜意识的价值判断，把传统的认为是落后的，现代的认为是先进的，这个价值判断是武断的。

第三个是自上而下的决策和自下而上的反馈之间的公平。自下而上的反馈往往容易被忽视。这两者之间要有一个公平，才有可能解决我们的环境问题。

在长江流域，就有一个现代和传统、人和自然的公平关系。城市的人和自然离得远，源头的老百姓和自然离得近，也有一个上下之间的关系，是隐性的，并不是说长江尾的人可以命令长江源的人。但是从经济上说，长江尾有更强大的力量，他们更自信，觉得是这个世界的主人。其实，我们有的时候没看到这个世界的另外一面。

一代又一代人投身的自然保护事业，最理想的状态是怎样的？

其实现在还是一帮做保护的人在吆喝，大部分人不觉得保护和自己有啥关系。保护的理想状态是：保护成为所有人的事情。我们今天是从藏区开始说起社区为主体的保护的，接下来我们要做更多的城市生物多样性恢复，现在城市的社区已经开始有这样的动力了，北京大学校园就是一个城市的社区，我们有5万人生活在这里，这里有几百种鸟在身边生活，动物在这个环境中的忍受力和适应力也是非常强的，只要你对它友好一点，对这个栖息地友好一点，这都是可以做到的。所以我觉得北京的库兹涅茨曲线可能已经过了那个拐点的阶段；在乡村，我们也有很多的方式，比如我们协助开发一些生态友好的产品，让老百姓直接从生态系统中受益。那么"保护大熊猫，就是保护人类自己"这句话就通了，这逻辑就圆了。所以随着外界有更多的人认可这个产品，那市场也越来越大，市场认可了，回过头来推动了当地村民对生态价值的认可。这就变成了一个循环。这是一个理想的模式。"保护大熊猫，就是保护人类自己"这句话从理念上、经济上、文化上，从整个社会认知上都变成了自己的事情，实现了真的兑现。

关于未来，您理想中的"山水自然保护中心"，是怎样的图景？

我觉得最理想的图景就是，这个世界不再需要像"山水自然保护中心"这样的专门做环境保护的组织了。很多人的想法可能在于组织怎么做大、做强、做到全球，但是实际上，这个地方不再需要我了，最后你把自己做没了，这才代表着任务完成。

（访谈文字原载于山水自然保护中心微信公众号，有删减）

3

长 江

长江的生命力，就是中国的生命力，它生机勃勃又伤痕累累，白鳍豚的远去是长江生态系统衰退的标志性灾难事件，而当下保护长江江豚等濒危物种的努力，本质上是人类基于长期主义的立场，把自身从生存危机的悬崖边缘义无反顾地拉回来。

长江江豚：
不会远去的灰色浪花

江豚[1]是一类小型齿鲸，亚洲沿海地区有较广泛的分布，我在连云港、温州和泰国湾出海时，都曾与江豚短暂相遇，而与长江江豚的故事，已经成为记忆深处最不会磨灭的部分。

没有白鱀豚的白鱀豚保护区

2007年初春，我接到时任WWF（世界自然基金会）北京代表处对外联络官员庄士冠的电话——水下摄影师计划为WWF拍摄江豚，如果能成功，将是世界第一条江豚的水下影像记录。当时正值纸媒黄金年代，每天的头条都与时代脉搏一起跳动，渗透在城市的每个角落。我在《金陵晚报》开设专栏，报道

---

1 传统的观点认为江豚属只有一个物种，即江豚，它包括了 3 个亚种：分布于台湾海峡以南的印度洋—太平洋沿岸水域的印太江豚；分布于台湾海峡以北的东海、黄海、渤海、朝鲜半岛直到日本本州岛区域的东亚江豚；分布于长江中下游的长江江豚。此后的科学研究确认印度洋—太平洋沿岸水域的江豚为一个独立物种，即印太江豚或宽脊江豚，台湾海峡以北水域的江豚归属于另外一个物种窄脊江豚，后者包括东亚江豚和长江江豚两个亚种。2018 年《自然》杂志子刊《自然通讯》发表了南京师范大学生命科学院教授杨光团队的研究成果：长江江豚已形成独立的进化支系，不再是窄脊江豚的亚种，而是一个独立物种。

天鹅洲尝试在野外环境中进行人工网箱繁殖江豚，丁泽良按时给江豚喂鱼（2019 年 摄）

中国的野生动物保护，这样绝好的采访机会不容错过，随即飞武汉，又因修路绕道岳阳，与 WWF 宣传顾问张翼飞、水下摄影师吴立新会合后在暮色中穿过洞庭湖，奔赴石首。

　　我们的目的地是长江天鹅洲白鱀豚国家级自然保护区，它利用长江故道建立，最接近白鱀豚、江豚的自然栖息环境。保护区设立的初衷是白鱀豚迁地保护，但没有等到真正发挥迁地保护的作用，有"长江女神"之称的白鱀豚就被认定为功能性灭绝[1]，即种群数量减少到失去自然繁殖的机会，但尚未确认最后的个体已死亡。白鱀豚的体型更大，依赖的深水环境正是长江的主航道，在经济腾飞的年代，它的命运注定是悲伤的。

────────────

1　"功能性灭绝"指一个物种的个体在自然界仍然存在，但由于种群密度过低，失去了其在生态系统中的功能。在野生状态下尚存极少数个体，但繁衍能力和生态功能基本丧失的物种，可以被列为功能性灭绝。

中科院水生所白暨豚馆的长江江豚

　　巡逻艇在天鹅洲故道上航行，岸边的油菜花开得正盛，江豚铅灰色的身体从水面时不时地露出，犹如一朵朵灰色的浪花。第一次近距离地看到它们自由、舒展地活跃在面前，我的内心无比激动。但同行的伙伴愁眉紧锁：前夜开始的降雨让水变得浑浊，水下摄影根本无法进行。

　　比天鹅洲之行不能"搞个大新闻"更令人沮丧的，是保护工作面临的窘境：因为没有足够的经费，保护区不得不在故道中捕鱼维持基本的工作运转。与保护对象江豚争抢口粮的尴尬局面，彼时在不少保护区都在上演，很多被冠以"国家级"的保护区都没有基本的经费支撑，只能靠山吃山，还要与周边社区进行利益博弈，保护行动更是无从谈起。而"国家级"保护区的管辖权往往又在市县一级政府，当遇到需要平衡保护和发展的矛盾时，谈保护往往是苍白无力的。

当天下午，我们决定直奔武汉的中国科学院水生生物研究所，拍摄人工饲养的江豚。可半路上又传来"坏消息"，有只母豚怀孕了，不便水下拍摄。

那一次，我只能在江豚馆负一层，透过亚克力玻璃观看水下的江豚。它通身圆滚滚，体长一米五左右，难怪有"江猪"这样的俗名。见有陌生人来访，这家伙扇着"翅膀"，嗖的一下就到了眼前。它长着隆起额头的大脑袋，眼睛和嘴巴就像是一道缝儿，像是在冲着我们微笑。我在江豚馆中度过了湖北之行最美妙的一刻。

樱花初放的水生所，曾经在这里生活23年的白鱀豚淇淇被科研人员不时提起，就像在谈论一位逝去的亲友，我听着阵阵心酸。在热爱生命的人们心中，它就是童话般的存在，尽管淇淇的家乡长江，因为水坝、航运、渔业、污染等原因，已经满目疮痍。

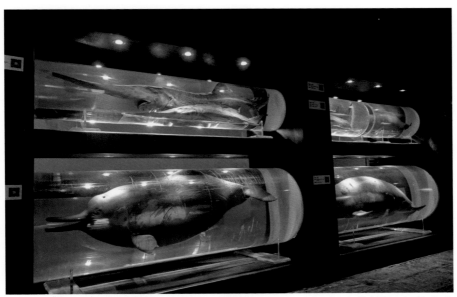

中国科学院水生生物博物馆陈列的白鲟（上）和白鱀豚（下）标本

通往铜陵保护区的渡轮（2010 年 摄）

再访江豚，则是到了2010年岁末，安徽铜陵淡水豚国家级自然保护区。1985年，原国家环保局为保护白鱀豚在此建立的铜陵白鱀豚养护场，即保护区的前身。

大通镇距离铜陵市区10多公里，柏油马路到头的时候，我们像钻进了时光穿梭机。逼仄的老街尽管被零散的新建筑冲击得面目全非，但古镇的肌理依然保留着。车开在石板路上，咯咯响。仅能容纳一辆手推车通过的支巷，是通往保护区渡口的必经之地。正是枯水季节，江面窄得可怜，等船时，江豚在岸边出现，岸上就是采砂船停泊的码头。

进入保护区，我们来到夹江边的观豚台，一上去就看到水面上翻起的江豚，它们像变幻无常的浪花，一会儿出现在岸边，一会儿在视线模糊处显露。

快到补食的时间了，江豚三三两两地集群，非常活跃，你追我赶，还扭打成一团，我也乘势拍下一张江豚出水时回头的照片，似乎是面带着微笑。

越来越近了，那"噗——噗——"换气的声音，和我们蛙泳时的换气声是何其相似。长江同为我们的母亲河，可它的命运又如此凄惨。离开保护区时，我和同伴在白鱀豚雕塑下合影，从长江上游的天鹅洲到下游的铜陵，两处迁地保护区都是为抢救白鱀豚设立的，如今江豚也被逼到了极危[1]的境地。

长江这条母亲河哺育的不仅仅是我们。它曾经养育着两种水生哺乳动物，种数在全球大河中仅次于亚马孙河，但白鱀豚已成为全球第一种人为因素导致灭绝的鲸类物种，它的消失是长江生态系统衰退的灾难性标志事件。2006年的淡水豚类考察估算长江干流（即不包括鄱阳湖、洞庭湖等通江湖泊）中的江豚种群数量为1225头，2012年骤降至500头。如果不采取有效保护措施，长江江豚必将重蹈白鱀豚的覆辙。

2014年，原农业部将长江江豚按照国家一级重点保护野生动物的保护要求，实施最严格的保护和管理措施[2]，此后又公布了《长江江豚拯救行动计划（2016—2025）》[3]，长江又在2020年开启了长达十年的禁渔期，长江江豚的命运自此有望逆转。

---

1 世界自然保护联盟（IUCN）红色名录评价物种在全球的受威胁状态，编入9个不同的保护级别：灭绝（EX），野外灭绝（EW），极危（CR），濒危（EN），易危（VU），近危（NT），低危（LC），数据缺乏（DD），未评估（NE）。

2 2021年2月公布的《国家重点保护野生动物名录》正式将长江江豚提升为国家一级保护野生动物。

3 长江江豚的命运，取决于整个长江流域生态系统的恢复。该计划"选择1至2家符合条件的大型水族馆，进行相应的基础设施改造和设备提升，开展长江江豚饲养、繁殖、研究工作"的安排，不顾舆论对其动机、成效以及动物福利的强烈质疑，将安徽、湖北两个迁地保护区、接近自然环境生活的江豚强行迁至商业运营的两家海洋馆饲养，弥足珍贵的野生种群因此受损。WWF声明指出："封闭水体繁育鲸豚类动物，对能力、资质有极高要求，更应该敦促各方，形成更完善、更透明的评估和监督机制。"

复兴：十里洋场与江豚相伴

在我生活的南京，历史上就有江豚分布的记录，唐代诗人许浑《金陵怀古》诗云："石燕拂云晴亦雨，江豚吹浪夜还风。"南京师范大学2017年至2018年的野外调查显示，长江南京段的江豚种群数约为50头，这在长江干流中的密度是最高的。然而，江豚在南京真正走进公众视野的时间并不长。

和武汉、重庆一样，南京也是临江建城。但有区别的是，南京的长江北岸发展曾长期滞后，南岸也没有亮眼的江际线，"城不见江、江不见城"，在公众心目中，南京作为"滨江城市"的特征并不明显。

2000年，我来南京上学。当火车顺着引桥兜着圈儿钻进南京长江大桥，我抖擞起精神开始注视这座城市。彼时的长江北岸是成片的农田，江面在大桥的钢架间闪烁，货轮缓缓前行。如果时光穿梭至70年前，我和其他南下的北方青年，会在长江北岸的浦口火车站下车——朱自清曾在那里望着父亲吃力地爬上站台。然后我们会乘坐轮渡在南岸的中山码头登陆，眼前的下关是林立的银行、邮局、商铺和旅馆，明朝郑和从这里启程下西洋，清朝在此设立通商口岸——金陵关，清末到民国，这里是南京的"十里洋场"，而随着1968年南京长江大桥通车，下关迅速沉默了。

2010年前后，南京下关滨江老城开始改造，中山码头东侧的原民国首都电厂码头经修缮后作为工业遗址公园开放，公园的观景平台伸入长江20米，江面一眼尽收。规划者无论如何也不会想到，呈现给公众的电厂码头，让江豚重新回归公众的视野。

一个偶然的机会，好友袁屏在首都电厂码头的观景平台上观察到了江豚，好友们闻讯赶去观赏，出现的概率还不低！消息一出，全国各地的自然爱好者纷至沓来，此后，南京江豚保护协会也定期组织江豚观赏、科普活动。在大城市的市区就能看到珍稀的水生哺乳动物，这样的好事自然不能错过。

从冬到春，每到公休日，朋友们就会不约而同地聚集到观景平台守株待"豚"。

滚滚长江东逝水，向东望，长江大桥依稀可见。货轮拖着长长的笛声，黑鸢沿着江面巡航，伺机俯冲捕鱼。中山码头的渡轮往返于南北两岸。朋友们从太阳高高挂起，守候到夕阳西下，就为了那一抹时隐时现的身影。

浩荡的江面，多数时候看到的江豚只是一个小黑影，只有靠近岸边时才能看清细节。江豚圆滚的头顶总是先露出水面，通过外鼻孔吸气后再迅速地潜下水，留给拍摄者的时机只是一瞬间，对好焦距按下快门时往往只能拍到它们的背部了，这对初来乍到的朋友尤其是个考验。

幸福来得太突然，也会考验拍摄者的心理。有时两三只江豚同时在观景平台附近出现，左边这只近，右边那只更活跃，远一点儿的在捉鱼……患得患失举棋不定时，江豚又一个猛子扎进深水远去了。拍摄江豚更考验人的定力。吹了一天的江风，看着江中的船队，码头上的游客换了一茬又一茬，始终没有按下快门的机会，再正常不过。

一日下午我在码头蹲守，江豚一直沿

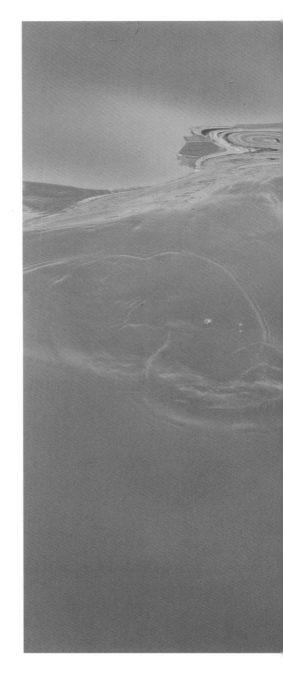

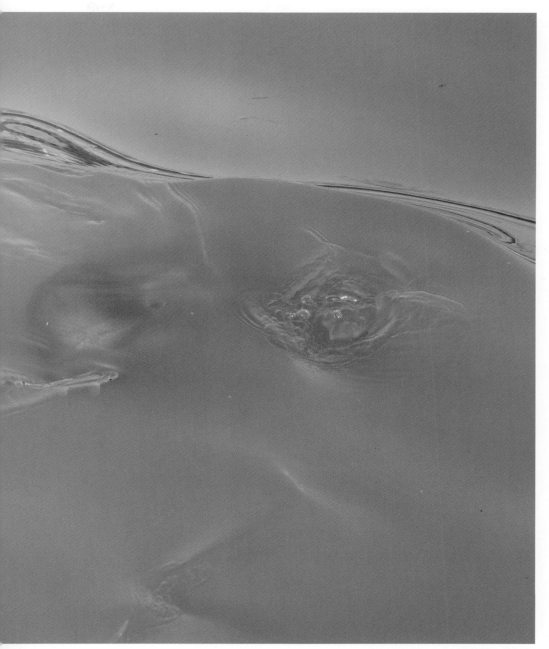

正在追捕鲹条的江豚

着主航道远远地巡游、捕食，我有点儿失落，收拾好器材走出公园又不甘心，杀了个回马枪，没几分钟，一群江豚居然游到了近岸的水面！两只幼年的江豚也许是好奇心重，在观景平台旁边浮出了水面打转儿，江豚不停地出水又下潜，暖暖的阳光斜射在水面上，金色的水花一朵又一朵。它们似乎通人性，也好奇地观察我们，"噗——噗"的换气声就在耳边回响。也许是年少的家伙不曾被人类伤害，对人完全没有戒心。

如果你有足够的耐心，一定能看到它们捕食的场面：发现鱼群立即提速，猛冲上前，在接近时迅速扭转身体，转着圈儿，用尾叶猛烈地击水，受惊的鱼群四处逃窜，它们伺机咬住猎物，然后稍稍调整姿势，一口吞下。

"我们小的时候坐船过江，江猪子就在水面上拱，现在可少多了。"在观景平台上，我和朋友们经常能听到老南京们的感慨。曾经造成白鱀豚功能性灭绝的主要原因，同样还在继续严重威胁着长江江豚。好友们曾经拍摄到江豚头部的伤痕，推测是垂钓者甩出的锚钩所致，还有尾部受到重伤的个体，估计是过往船只的螺旋桨所致。值得欣慰的是，南京长江江豚省级自然保护区在2014年成立，为了降低对核心分布区的影响，2019年，新规划的过江通道调整了位置，还优化设计取消了江中的一座桥塔。

黄昏时分，平静的江面上满是金色的细纹，在电厂码头我们与江豚一次次相遇，也一次次目送江豚远去。更期待更多人心中也有一座码头，与更多的野性生命连接。渡人亦是渡己，我们、江豚，还有远去的白鱀豚，都只有一个长江。

周开亚：
亲历白鱀豚的发现与消逝

2006年末，长江淡水豚类中外联合科考队在武汉宣布，从宜昌至上海长江段来回3336公里的考察中，没有发现白鱀豚踪迹，不久，这种2500万年以前就生活在长江，有"长江女神"之称的活化石被认定为"功能性灭绝"。

为了探究白鱀豚的前世今生，我专程拜访南京师范大学周开亚教授，他将"白鳍豚"正名为"白鱀豚"，把白鱀豚的分类位置由属于亚河豚科改为属于独立的白鱀豚科。这位最早提出保护白鱀豚的权威专家，也目睹了白鱀豚的悲剧。

标本带来的新发现

1956年12月，南京渔民在江面上捕获一条"怪鱼"，南京师范学院生物系（今南京师范大学生命科学学院）的教师把这条"鱼"当作没有见过的海豚制成了标本。

不久，周开亚回校后看到了这具标本，产生了浓厚的兴趣，他查阅资料后认定，这正是白鱀豚。当时有很多人不相信，因为教科书上一直引用美国学者米勒的论断——白鱀豚的分布仅限于洞庭湖和长江中游。但1957年8月，南京

南师大随园校区标本馆展示的白鳘豚标本（2006 年 摄）

市渔业合作社又在浦口轮渡码头附近捕获一头白鳘豚！周开亚的判断得到印证。很快周开亚又听说上海虎丘路一家博物馆有两具白鳘豚标本，他赶往上海，工作人员告诉他那都是在当地收集到的，这说明上海也有白鳘豚分布。1958 年，《科学通报》发表周开亚的论文《在长江下游发现的白鳍豚》，引起海内外学界的轰动。但随后的社会环境让他的研究没能继续下去，直到 1974 年。

那一年，中国动物志编委会组织"动物志鲸目"的编写工作，南师生物系承担 4 个条目的编写，白鳘豚这一条由周开亚编研。"当时的经费少得可怜，我在长江中下游的六省一市直接走访渔民了解情况，这是最经济的调查方法。在宜昌，老渔民告诉我，（20 世纪）40 年代在莲沱和黄陵庙曾误捕过白鳘豚，就在今天的三峡大坝上游。这位老渔民的回忆，使白鳘豚在长江的分布范围向西推进到长江三峡。"周开亚在上海和浙江的走访中了解到，白鳘豚的分布东至长江入海口，甚至在钱塘江流域的富春江也曾出现过白鳘豚。没多久，周开亚在

长江铜陵江段的白鱀豚（周开亚 张行端 摄）

《动物学报》发表了《白鱀豚的分布调查》。

"那次野外考察用了3个月，当时精力很旺盛，也很能吃苦，春节从家出发时带的棉大衣在途中又寄回去了。"周老说。那一年他也曾在江西鄱阳湖口租小渔船到江心寻找白鱀豚，不过那一天刮风下雨，受到条件的限制，没观察到。返回南京后，他又陆续收购到在安徽和江苏长江段误捕的白鱀豚个体，为日后的进一步研究提供了标本。

从《尔雅》中找到白鱀豚

"白鱀豚的鳍是灰色或青色的，这个中文名不科学。"周老回忆说，"我在（20世纪）70年代走访沿江渔民时听到的都是'白鱀''青鱀'，但当时不知道'鱀'怎么写，只知道《脊椎动物名称》一书中的'白鳍豚'这个名称。"周老说，1916年，17岁的美国人霍依（C.M.Hoy）在洞庭湖猎取一头白鱀豚后送往美国，生物学家米勒（Gerrit S.Miller,Jr.）见到标本后问霍依这种水兽的名称，由于当地人都喊它"白蟹"，霍依听成了"白旗"，就告诉米勒是"whiteflag"，"白旗豚"就这样叫开了。

周老推测，国内学者在20世纪50年代中期编订名称时正值"大跃进"，有"插红旗，拔白旗"的做法，因此不便把"whiteflag"译成"白旗"，就想当然地写成"白鳍"，难免使公众产生了误解。周开亚安排课题组的钱伟娟查找中国古代有没有有关白鱀豚的文字，她在南师中文系资料室一位老师的帮助下从西汉到清代的文献中查阅关于白鱀豚的记述。在汉代辞书《尔雅》中找到了"鱀"，其中的描述与白鱀豚吻合。1977年，周开亚等人在发表《白鱀豚的分布调查》时提出，"根据群众广泛使用和历史记载，将中文名称改为白鱀豚"。周老说，20世纪70年代渔民的叫法保留了我们祖先对白鱀豚的认识。

一个"民族"的发现

白鱀豚在动物分类中独占"白鱀豚科"，但也一度被当作亚马孙河流域亚河豚的近亲，列入亚河豚科长达60年。但20世纪70年代后期，周开亚教授和他的同事钱伟娟、李悦民老师对5具白鱀豚标本和头骨进行了分析，并与亚河豚的骨骼、消化器官加以对照，发现了其中的明显差异。周老举例说："白鱀豚的耳骨和颅骨直接连接，而亚河豚的已经分离，骨骼上的种种差异说明，这两类淡水豚在进化中源于不同的祖先，有一定的间隔，而不是近亲。"此外，他们还将白鱀豚的骨骼、消化系统与其他淡水豚做了比较，发现都有显著差异，这说明，白鱀豚既不是亚河豚的近亲，也不属于其他的淡水豚类。它们之间的形态学差别不是种间的差别，也不是属间的差异，而应该是科与科之间的差异。"综合多方面因素，我们认为白鱀豚应该从亚河豚科中分离出来，另建白鱀豚科。"周开亚教授等于1978年公开发表论文。从此，白鱀豚类成为独立的一科。这样的改变可以比喻为一个"民族"的发现，它过去仅被看成亚河豚"民族"的支系，而此后，生物学界对白鳖豚的研究将有更广阔的空间。

最珍贵的白鳖豚野外影像

被宣布"功能性灭绝"的10多年来，民间几度传出长江重现白鳖豚的线索，不少民间人士也自发地组织搜寻，但并没有实质性的成果。收录在《白鳖豚及长江流域的濒危动物》一书中的白鳖豚图片，或许就是存世的最佳野外影像了。

"20世纪80年代末，我们对白鳖豚的野外观察开始采用照相识别技术，在江面上每观测到一次白鳖豚都要拍照片。白鳖豚的身上多少会有划伤，这是重要的识别标志，我们就据此为每一头能识别的白鳖豚编号。"

那一次考察中，在相隔200多公里的江面上，周开亚的研究组两次拍摄到了同一头白鳖豚的照片。周老说："当时我们的考察队已经配备了300毫米长焦镜头，能拍得很远，可视角也非常狭窄，白鳖豚每次露出水面呼吸的时间也就10多秒，要把它在取景器中找到再拍下来，难度很大。这是从几千张照片中选出的。"当时周开亚教授已经50多岁了，但还和年轻人挤在狭小的船上科考，吃喝拉撒全在船上，夜里一行人只能横躺在船舱里挤着睡。"考察结束后我们黑得就像渔民，回南京后快没人认得了。"但此行的收获也很大。"有时白鳖豚离我们的船很近，时不时地露出水面，'曲——曲——'的呼气声我们都听得到。"

一个"科"的灭绝

白鳖豚的消逝，是人祸。从20世纪80年代开始，随着经济的发展，长江上航运愈加频繁，生态环境的恶化一时也难以遏止。1982年，周开亚发表了《关于白鳖豚的保护》，指出白鳖豚种群数量最多只有400头，提出迁地保护计划，

白鱀豚在小货船旁，1989 年 5 月安徽枞阳江段（周开亚团队 摄）

同时探索人工养殖白鱀豚的技术。IUCN、WWF 等国际组织和外国科学家为此提供了援助，还召开了保护白鱀豚国际研讨会，但在当时的社会环境下，周开亚等老一辈生物学家提出的保护计划措施很难落地。

1980 年，湖北捕获的第一头活体白鱀豚淇淇，被送往中科院水生生物研究所人工饲养。在周开亚教授看来，淇淇的适应能力比较强，但只是个例，其实白鱀豚人工饲养技术并不成熟。水生所饲养的另外 3 头白鱀豚容容、联联和珍珍，最后也全部死亡。

1981 年 3 月，江苏太仓江滩一头搁浅的雌性白鱀豚被运到了南京师范学院的饲养池，周开亚教授和同事们为它取名"苏苏"。"但它每天只能吃下半公斤小鱼，不及正常食量的 10%。很快，苏苏的状况急剧恶化，我们给它注射抗生素，让池水循环过滤，但都无济于事，苏苏在南京生活了 14 天后死亡……我们解剖后发现，苏苏的胃部严重溃烂，肺部也有病灶，淤血、水肿严重。现在对鲸、豚的研究深入了，我们知道搁浅的鲸、豚一般都是有病的。但当时认识水平有限，不知道带回来的是有病的动物。"

　　比看着苏苏逝去更让周老痛心的是白鱀豚在长江的消逝。"白鱀豚的灭绝不仅仅是一个物种的灭绝，而是一个'科'的灭绝，物种演化的一个分支消失了。当初如有2个亿的投入，白鱀豚的迁地保护技术就会有较大的发展，就有可能拯救这个古老的物种。但我们没有做，因为我们不知道白鱀豚会灭绝得这么快！我们为后代留下的是可贵的资料，更有惨痛的教训。"周老说道。

　　（本文最初发表于《金陵晚报》，2020年12月参考《南京日报》等媒体报道修订并由周开亚教授再次审定，特此说明并致谢。）

1993年在南京师范学院召开的白鱀豚保护评估国际会议（周开亚 提供）

鹤、湿地、世界观

"鹤鸣于九皋，声闻于天"。我曾经梦见鹤从头顶飞过，身姿优雅，鸣叫穿透旷野，这样的情境也一次次在现实世界里重复。

如果你不是观鸟爱好者，一定很难理解，为什么会有那么一群人刚入冬就盼着寒潮——它会给长江中下游的湿地带来数以万计的越冬水鸟，鹤是其中最迷人的一种。因为优雅的形态和习性，它们和长寿、吉祥、忠贞紧密联系在一起：高跷一样的长腿让它们遗世独立于周遭的其他水鸟；长长的颈部伸缩灵活，既可以瞭望敌情，又能蜷曲着休息；又长又尖的喙像是一双筷子，优雅地啄取植物根茎、种子、小型动物。

全球有15种鹤，中国目前有8种[1]分布，名气最大的当然是"仙鹤"丹顶鹤。我第一次被它折服，是2007年冬天，在黄海之滨江苏射阳的江苏盐城湿地珍禽国家级自然保护区。

我在保护区向导的带领下，驱车进入中路港，坑坑洼洼的路，一直通向大海，两侧是望不到边际的芦苇、碱蓬，黄色、红色一片接着一片，獐子远远地

---

1 中国分布的8种分别是白鹤、白枕鹤、蓑羽鹤、丹顶鹤、白头鹤、灰鹤、黑颈鹤和沙丘鹤，其中沙丘鹤为罕见冬候鸟或迷鸟，仅在江苏盐城等地有较为稳定的越冬记录。此外，赤颈鹤在云南西南部、南部边境地区曾有分布，1986年以来再无记录。

在云南纳帕海越冬的黑颈鹤

看到我们，抬起头愣了一下，很快奔跑起来，居然有 3 只，没多久就躲到一小丛稀疏的芦苇后看着我们。向导眼尖，发现了更远处的鹤群，50 多只丹顶鹤一字排开觅食，黑色的尾羽对着我们，好似宣纸上的一排墨点，越走越远。它们很有默契，群体中总会有几只昂着头放哨，观察四周。从遥远的黑龙江、乌苏里江流域到长江下游的盐城，经历约 2000 公里的迁徙考验[1]，这样自由奔腾的生命，总是最美的。我和同伴下车时缺乏观察经验，习惯性地关上车门，砰的一声。几只丹顶鹤警觉地叫了起来，"啊——啊——"，叫声高亢又响亮。鹤的发声器官是鸣管，与之相连的气管延长出很长一段，如同萨克斯管盘曲在胸骨间，增加了气流冲过鸣管时的冲击力。鹤群陆续扑扇着翅膀向前冲，迎着寒风起飞，头也不回地飞走了。天色已晚，它们八成是去夜宿地了。

与鹤相遇的匆匆第一面，让我至今难忘。此后，不管是在北海道，还是在青海湖，每当我看到鹤时，总会想起黄海湿地的那次经历，它们穿透荒野的鸣叫，像是来自文明深处的号角。

"松鹤延年"其实是传统文化对鹤的误解。丹顶鹤在野外的寿命在 20 至 30 年之间；除了分布在非洲的黑冠鹤、灰冠鹤，其他 13 种鹤都不会上树，因为它们脚的后趾很短且位置高于前三趾，根本无法抓握树枝。

又是一年冬，元旦。凌晨五点，太阳还没升起，我和鸟友已经摸黑在射阳的田间守候了。丹顶鹤和灰鹤，都会在日出前后飞到收割后的农田觅食。我们搓搓手，跺跺脚，轻声聊天，日出前的寒冷也不那么难熬了。当一家 4 只丹顶鹤穿过天边泛起的鱼肚白时，观鸟队伍顿时鸦雀无声。它们在农田上空盘旋半圈，贴着芦花滑行，而后撑开翅膀，伸长脖子缓缓落下，幼鹤无所顾忌地埋头觅食，鹤顶通红的家长，伸长着脖子，环顾四周，仰天鸣叫，又有鹤群应声落下。

---

1 丹顶鹤有两个完全分离的种群，大陆种群主要在中国东北低洼的河泛平原以及俄罗斯东南部的阿穆尔河流域繁殖，在黄河三角洲和盐城滨海湿地以及朝鲜半岛越冬；岛屿种群分布在日本北海道，只有短距离的迁移。

盐城保护区，野鸭、白骨顶成群，我们还意外地发现了一只大天鹅（2010年1月 摄）

　　一小群灰鹤在丹顶鹤中明显弱势，个头儿矮一截，更是寡不敌众，刚站稳脚跟就被两只霸道的丹顶鹤家长赶来赶去。最让观鸟爱好者期待的还是沙丘鹤，这种雄霸美洲的鹤，总有零星的个体出现在盐城。

　　一只孤零零的白鹤又闻讯而来，扇着黑色的"袖套"，翩翩落入丹顶鹤群，安然觅食。虽然叫"白鹤"，但白色的纯度，比起丹顶鹤还是逊色些。此时的农田，已在朝阳中呈现一片金色。从西伯利亚苔原到鄱阳湖，距离超过5000公里。这只落单的白鹤，连续多年都在当地出现。满地霜在暖暖的阳光里消散，鹤群中有的对舞，有的嬉闹，而后渐次飞离，寻找下一片觅食地。

　　"故人西辞黄鹤楼，烟花三月下扬州"，据考证，"黄鹤"就是白鹤的幼鸟，与长江保持自然连通的鄱阳湖，就是它们在全球最关键的越冬地，也是东亚—澳大利西亚候鸟迁飞路线上1000多块重要湿地中关键性排在首位的栖息地。

　　2016年11月，南京长江北岸的龙袍湿地出现一只白鹤幼鸟，金棕色的羽毛

在盐城越冬的丹顶鹤

在阳光下很是优雅，真的就是"黄鹤"。

白鹤在全球的种群数量约4000只，在15种鹤中高于美洲鹤（约600只）和丹顶鹤（约3000只），却被世界自然保护联盟评估为极危物种，迁徙路线单一是最主要的原因。

20世纪90年代中期，日本学者樋口広芳（Hiroyoshi Higuchi）在繁殖地俄罗斯雅库特共和国为5只白鹤安装了信号发射器，跟踪白鹤迁徙，在俄罗斯境内它们频繁做短距离的飞行，在每个停歇地停留时间都很短，一到中国境内，就开始长距离飞行，在扎龙停留的时间最长，再经过盘锦的停留，就一口气直飞鄱阳湖了。究其原因，可能是中国境内可供白鹤停歇的湿地太少了。

经过多年的研究，白鹤的繁殖、迁徙规律逐渐清晰，夏季它们在俄罗斯的苔原带筑巢繁殖，冬季约98%的白鹤会迁徙到中国鄱阳湖过冬，其余的一小部分白鹤则会到西亚、中亚越冬。遗憾的是，因为过度捕猎和栖息地的丧失，白

白鹤

鹤的西亚、中亚种群数量严重下降,已不足20只。在伊朗,2006年以来仅剩下一只孤独的雄性白鹤在里海越冬,它被起名为奥米德(Omid),在波斯语中是希望的意思。而鄱阳湖,就成为白鹤最后的挪亚方舟。

2013年11月的凌晨,江西南昌浓雾弥漫,我们驱车直奔鄱阳湖观鸟第一站——南矶湿地。雾气里传来雁鸭的鸣叫,岸边的豆雁埋头觅食,苍鹭一步一探头,伺机捉鱼,日头渐高,有成群的小天鹅从雾气中显露,但就是没有白鹤的踪影。我们当即决定转战永修县的大湖池——自1953年冬安徽安庆有过两只白鹤的标本记录后,国内越冬区近30年没有记录,直至1981年中国科学院动物研究所专家在大湖池发现了100多只白鹤,以及300多只白枕鹤。

目的地很快就到了,我们的车停在永吴公路上。这条路夏季总会被大湖池淹没,冬季水退,公路把湖面分割为两半,正适合我们观察湖区。白鹤很快出现在单筒望远镜里——它们以家庭为单位活动,三四只一群,全身雪白,脸部鲜红;幼鸟金棕色的羽毛夹着一点白色,它们出壳3个月左右就和父母踏上迁徙的路,5000公里,50天左右的行程,年复一年,直到建立自己的家庭,再带着儿女重复世世代代的迁徙。忽然,白鹤一家三口从头顶飞过,滑翔着落入大湖池,向前奔跑两步作为缓冲,收起翅膀,抖擞抖擞羽毛,埋头觅食。

枯水期的大湖池

一只左腿有环志的白鹤出现了！"08"清晰可见，这是它连续第二年在鄱阳湖被记录到。1993年8月，这只白鹤1岁时，在俄罗斯雅库特被俄罗斯科学院西伯利亚分院苔原带生物问题研究所的尼古拉·科尔马戈诺夫环志，编号为08，直到2012年才首次被摄影师拍摄，尼古拉闻讯后惊喜万分。一只鹤的命运，就这样牵动着5000公里外的目光。

在公众的认知中，鄱阳湖是中国第一大淡水湖；但从生态的视角观察，鄱阳湖上游有5条河流注入，还与长江保持着长期的天然连通，"洪水一片，枯水一线"的季节性水位变化形成了独一无二的湿地生态系统，让它真正成为中国最有代表性的淡水生物栖息地：

夏季季风带来的雨水导致江水抬升，水位上涨，形成广阔的湖泊水域，有利于鱼类繁衍、水草生长，并像海绵一样最大限度地吸收洪水。同时，洪水携带着上游的泥沙和丰富的养分沉积在湿地，滋养着动植物的生长，包括白鹤越冬所依赖的苦草。枯水季节，鄱阳湖水位下降，像大湖池这样的100多个"碟形湖"显露出来，从"碟子"的外围到中心，依次是草滩、泥滩、浅水沼泽和开阔水面，不同食性的水鸟各取所需：草滩上的苔草为雁类提供了丰富的食物，泥滩是鸻鹬类的栖息地，浅水沼泽是白鹤、小天鹅、东方白鹳、白琵鹭的食堂，苦草萌发的冬芽就是白鹤觅食的首选，开阔水面则聚集着鸭类[1]。

白鹤从俄罗斯飞来，鸿雁从蒙古高原飞来，黑尾塍鹬从西伯利亚飞来，这些国际旅客和江豚一样，世世代代与鄱阳湖共存。

三峡工程蓄水后，鄱阳湖枯水期提前，加之无序采砂、长江流域的干湿周

---

1 不同种类的水鸟，以不同的食物为生，这样的"错位竞争"使得它们可以集结成大群在同一区域觅食。水鸟群落结构的变化，则反映了湿地不同营养层次的变化，因此水鸟是湿地系统健康的最佳指示生物。《拉姆萨尔公约》（Ramsar Convention）国际重要湿地认定标准中，非常关键的一条就是水鸟：规律性地支持着20000只或更多的水鸟，或1个水鸟物种或亚种种群的1%的个体的生存，就应该考虑其国际重要性。

日落时，几只雁从大湖池飞过

期变化等原因，枯水期水位下降，威胁湖区居民的生活、生产安全，在长江与鄱阳湖连通处修建水利工程抬高枯水期水位的方案，反复被当地政府提上工作日程，又总是引起巨大的争议。在湿地专家看来，这样的方案无疑是"头痛医头"，既不能治本，还会按下葫芦浮起瓢，修建水闸或水坝，除了对鱼类多样性、长江江豚栖息地、越冬水鸟栖息地以及江湖连通产生的不可逆或不确定影响，也会威胁到居民生计——例如延长鄱阳湖换水周期，降低其自净能力，导致水质更趋恶化。

　　黄昏时分，我们站在草原一样的湖岸边，大湖池泛着金光，水中的白鹤、东方白鹳、小天鹅、鸻鹬在我们的视野里都成了剪影，水鸟时不时从暖暖的太阳前穿过，似与天地对话。"天不言而四时行，地不语而百物生"，又是多么渺小。我和同伴沉浸在日落中，不知不觉天色黑了下来，鹤的鸣叫越来越深远。

最后的卷羽鹈鹕，
你看到了吗？

鸟的迁徙，是自然界在空中奏响的最壮丽诗篇。配乐有时明快，有时悲壮。

卷羽鹈鹕——轰炸机般强壮的大鸟，其东部种群正在栖息地破坏和盗猎的重压之下残喘。它年复一年往返于中国东部沿海和蒙古国的湿地，去孕育新的生命。沿途守望它们的各地"鸟人"，随时分享着目击情报，可谁也不知道这样的接力还能延续多久。

全世界有8种鹈鹕，体型都很大，嘴也大，下颌有可以扩张的喉囊，它们用这特殊结构的大嘴捕鱼，如同"抄网"，连鱼带水一锅端，再把水挤出来，有时还会结群配合作战捕鱼。飞行时鹈鹕把长长的脖子蜷缩成"S"形，更显得敦实，近距离相遇时会给人一种压迫感，被形容为战斗机并不夸张。

鹈鹕家族中，有3种在中国分布：白鹈鹕（*Pelecanus onocrotalus*），在新疆、青海、甘肃有记录，为中亚分布区的东缘，香港后海湾、江苏射阳、安徽灵璧、升金湖、石门湖，北京密云水库有零星的报道；斑嘴鹈鹕（*Pelecanus philippensis*），仅20世纪60年代初在福建闽江口采集到标本，野外再无确切的记录；卷羽鹈鹕（*Pelecanus crispus*），是体形最大的一种，分布范围从东南欧经中亚一直可达中国东部，但已经被割裂为西部、中部和东部三个彼此孤立的种群。

2017年，卷羽鹈鹕在IUCN物种红色名录中的濒危级别由易危（Vulnerable）

2008 年夏季，我在新疆布尔津第一次看到卷羽鹈鹕。正午阳光灼人，远处的水泡子中央站了一排大鸟，我和同行的好友左凌仁没有单筒望远镜，灵机一动，把两只 1.4 倍增距镜套在一起，接在 300mm 摄影镜头上拍摄，在显示屏上放大观察，居然是鹈鹕！但具体是白鹈鹕还是卷羽鹈鹕无法确定，因为二者在当地均有分布。不管是哪一种，都值得庆贺。彼时左凌仁正痴迷于观鸟，第二天他包车慢慢靠近，终于确定为卷羽鹈鹕。2016 年我故地重访，想再找到卷羽鹈鹕的踪迹，可是连水泡子都不见了（左凌仁 摄）

下调为近危（Near Threatened），这是因为在希腊等地实施的保护性措施已经对欧洲繁殖种群产生了较好的成效，缓解了全球种群数量的下降趋势，但东部种群的命运依然堪忧。2012 年 1 月，浙江温州湾记录到的 124 只卷羽鹈鹕，几乎就是东部种群的单笔最高记录了，可以说它们就是中国沿海最后的卷羽鹈鹕。

东部种群繁殖于蒙古国西部，每年迁徙至中国东南部沿海越冬，它们在长江下游和东南沿海曾是较为常见的越冬水鸟。每年冬天，从黄河三角洲到黄海滩涂，再到杭州湾、温州湾，直至闽江口、深圳湾（在香港称"后海湾"），沿途的鸟友就像接力跑一样，分享着它们的迁徙动态，提示下一站的鸟友注意观察。

　　2018年12月7日下午，一个令人兴奋的消息传来：苏州鸟友邓郁在铁黄沙湿地记录到51只卷羽鹈鹕从天而降。巧合的是，2015年的同一天，卷羽鹈鹕出现在苏州澄湖，距离铁黄沙1个多小时车程。这消息在观鸟微信群里瞬间炸开了锅。大家常把"鸟不等人"挂在嘴边，更何况是被寒潮赶往南方的水鸟，休息好，补给罢，就会继续上路，邻近的无锡鸟友闻讯立马驱车赶到现场，在天黑前如愿以偿。我当然心动：这应该就是卷羽鹈鹕东部种群中的大家族了，刚好次日就是周六，杀过去！做出决定后我一夜没有睡踏实：它们会不会一早就飞了？预报苏南地区有雪，高速公路会不会关闭？

　　早起，天阴沉沉的，刮着冷风，我刚上车就接到当地鸟友钱锋的情报，鹈鹕还在！从南京一刻不停驱车3个小时，赶到铁黄沙湿地时，钱锋正在冷风中守候，指着水湾里一排白点给我看，它们已经结束捕鱼，在风中蜷缩着身子休

2018年12月在铁黄沙湿地短暂停留的卷羽鹈鹕

息，偶尔扑扇翅膀活动几下。往常看起来算是大个头的白琵鹭从它们面前飞过时显得又小又苗条。

我用单筒望远镜一遍一遍扫视着这群卷羽鹈鹕，突然有一只鹈鹕伸长了脖子，张开大嘴对着天空"打哈欠"。我正准备用手机连接单筒望远镜拍摄更清晰的细节，它们竟毫无征兆地动了起来，助跑，起飞！是要换个水域开始捕食？不料这群鹈鹕在空中盘旋几圈后，径直往东飞去。一看时间，距离我赶到现场只有20多分钟！9天后，温州野鸟会的朋友在温州湾记录到了这个冬天的第一批卷羽鹈鹕。

"鸟人"们对卷羽鹈鹕的浓厚兴趣，催生了一项坚持10多年的协作观察项目。

2005年3月21日，厦门观鸟者发现14只卷羽鹈鹕于厦门上空飞过，就在一天前，广东海丰刚刚"丢"了14只鹈鹕。而此前的整个冬季在香港米埔记录到15只卷羽鹈鹕，3月19日只剩下一只。大家猜测这些卷羽鹈鹕是同一群，于是在网络上探讨，各地若能同步开展水鸟调查，将对了解某时段的水鸟分布和迁徙情况有很大帮助。

受此启发，厦门观鸟会的陈志鸿在世界自然基金会观鸟论坛上提议沿海的鸟友开展同步水鸟调查。大家一拍即合，并决定第一次的调查时间定在2005年9月18日。从辽宁丹东的鸭绿江口到海南岛，每个月中旬前后的大潮日，调查员在固定的调查点，沿着一定的路线记录水鸟的种类和数量，这项工作至今仍在延续，积累了大量基础数据，对保育和科研工作来说都非常重要。

同时，水鸟调查员和观鸟爱好者们也不得不面对残酷的事实——鸟类的栖息地迅速萎缩、退化，卷羽鹈鹕的繁殖地、越冬地，以及迁徙途中的停歇地，都在恶化、萎缩甚至消失，而盗猎，又让它们的处境更为艰难。香港后海湾的鸟类监测数据能佐证这个趋势：历史上有卷羽鹈鹕越冬的稳定记录，20世纪70年代开始数量明显下降，近年来几乎消失。

在繁殖地蒙古，盗猎是卷羽鹈鹕面临的最大威胁。游牧民族有用鹈鹕嘴刷

2020 年 7 月至 8 月，在蒙古国共有 13 只卷羽鹈鹕被环志，截至次年 4 月，中国鸟友协力在其迁徙和越冬过程中找到了 11 只，N173（右二）系 2021 年 2 月 27 日在温州湾被记录（王小宁 摄）

洗马匹的传统，他们认为这能让马变得更强壮，跑得更快。根据保护组织在当地的调查，2007 年一只鹈鹕嘴能换到 10 匹马和 30 头羊，在一场那达慕大会上统计到的鹈鹕嘴就有 50 只之多。更令人忧心的是，蒙古国还出现了鹈鹕嘴镶嵌宝石和贵金属的工艺品，一旦进入收藏市场，会导致更严重的盗猎。保护组织向政府建言，普查牧民现有的鹈鹕嘴并颁发证件，牧民如再购买鹈鹕嘴，就要受到法律的制裁。此外，湿地退化、过度放牧和捕鱼也在影响着卷羽鹈鹕在繁殖地的种群安全。

从蒙古国的繁殖地向越冬地迁徙时，卷羽鹈鹕需要穿越广阔的干旱区域，途中原本可以作为加油站停歇的绿洲几乎消失，这对它们都是严重的威胁。而迁徙、越冬所依赖的沿海湿地，也遭受了历史上最惨痛的破坏。

以江苏为例，2009 年开始全面实施《江苏沿海地区发展规划》，其中一项是"江苏沿海滩涂资源开发潜力"，"近期可在……等地进行围填，形成 270 万亩左右的土地后备资源；远期……进行围填，可形成700万亩土地后备资源"，这无异于拆除了东亚—澳大利西亚水鸟迁徙路线上的一批加油站。因为威胁到鸟类迁徙，以及勺嘴鹬、小青脚鹬等濒危水鸟的种群安全，号称"江苏第一围"的盐城东台条子泥湿地围垦项目曾招致国内外舆论的强烈抨击。

南通如东的小洋口原本是生机勃勃的优质滩涂，诞生过江苏第一份勺嘴鹬记录和全国的单份最高数量记录，在入侵物种互花米草疯长和化工项目的摧残下，失去了往昔的活力。2018年春天我和朋友们再次来到小洋口，清晨的海堤之上，水汽和化工厂排出的刺鼻气味交织在一起。而10年前的秋天，这里还是一片令人向往的滩涂湿地，我还清楚地记得，太阳西斜的傍晚，我和朋友们光着脚，背着观鸟器材往岸上走，当地人背着刚刚收获的蛏子与我们同行。凉爽的海风，鸻鹬的鸣叫，还有我们一路的欢声笑语……空气、水、土壤被污染了，鸟儿不再停歇，人，去哪里？

温州鸟友目睹的变化更为剧烈。因为围垦，越冬的卷羽鹈鹕在温州湾不停地选择新的栖息地，从灵昆岛到永强围垦区，和黑脸琵鹭生活在同一片大塘，鸟友们都期盼这些围垦区的大塘不要立马被填平。温州山多地少，围垦迫不得已，但鸟友们希望在围垦过程中兼顾野生动物的栖息环境。

亡羊补牢，犹未晚也。2018年7月，国务院印发《关于加强滨海湿地保护严格管控围填海的通知》，要求"除国家重大战略项目外，全面停止新增围填海项目审批。……国家重大战略项目涉及围填海的，……按程序报国务院审批"，这给沿海湿地留下了些喘息的空间。

年复一年的水鸟迁徙之路绝非坦途，一片片沿海滩涂，是卷羽鹈鹕这些水鸟越冬的港湾，旅途中的加油站，更是人们与候鸟世世代代相遇的荒野，希望这里的天空，永远有卷羽鹈鹕飞过。

马克·巴特：
候鸟带他来中国

我们将继续坚持这个看起来枯燥，但其实有意思也有意义的工作，也许将来会给子孙后代提供一个信息平台——看看我们这个世界的湿地曾经是怎样的，并且是怎样变化的。

—— 中国沿海水鸟同步调查组　李静、白清泉

2011年11月，资深"鸟人"纷纷在社交媒体上缅怀刚刚病逝的马克·巴特（Mark Barter）。与他相熟的中国朋友始终认为，这位澳大利亚水鸟专家还会像候鸟一样，从澳大利亚飞到中国，在初冬的阳光下，站在升金湖大堤上数着水鸟，路过的老乡总会热情地叫他一声"老马"。

我没有能力评述马克在中国鸟类研究、保护方面的杰出贡献，但从观鸟爱好者的视角来看，他是一位真诚的、身体力行的鸟类学者和超级志愿者，他所做的一切和项目、头衔、论文无关。正是他和众多先驱推开了遥远的中国那扇虚掩的门，点燃了众多的保护力量，才让更多的人看清了一个充满生机的世界。

2004 年 11 月，马克·巴特与雷刚在鄱阳湖调查水鸟（雷刚 提供）

心向"月球背面"的中国

2008年10月，长江中下游湿地保护网络年会在江苏溱湖国家湿地公园召开，我以记者的身份受邀参会，世界自然基金会上海办公室的好友张翼飞引荐我采访马克·巴特时，马克用力地握了握我的手，笑着说："喜欢观鸟的记者一定是好记者。"

马克·巴特的职业虽是采矿工程师，但从小就跟着家人在英国观鸟，还发表了不少有分量的研究论文。1995年退休后，他终于可以全身心地以志愿者的身份为保护鸟类而忙碌，也有了新的头衔，比如澳洲涉禽研究组第二任主席、亚太迁徙水鸟保护委员会委员。毫无疑问，这位将爱好发挥到极致的先驱也对鸻鹬类的生存危机感到担忧。

那时的他常常望着地图陷入沉思，每年数千万水鸟自由地往返于大洋洲和东亚之间，但跨过大洋之后，这些水鸟中途在哪里停歇，又会循着怎样的路线抵达它们的繁殖地呢？当时的鸟类学界还存在很多空白。马克的关注点最终落在了中国：从长江口到鸭绿江口，漫长的海岸线一定隐藏着尚未被发现的宝藏。

"我不会说中文，但很想来中国，在那时，中国给我的感觉好遥远，像是在月球的另一侧。"马克说。幸运的是，澳大利亚从1996年起协助中国培训水鸟调查人员，具体由湿地国际（Wetlands International）澳大利亚办公室实施。这一年的冬天，马克以湿地国际志愿者的身份，第一次踏上了中国的土地，在上海崇明东滩保护区举办水鸟调查培训班。

世界自然基金会淡水项目首席专家雷刚当时还在东洞庭湖保护区担任总工程师，在他的记忆中，那次培训颠覆了他的鸟类"世界观"："当时多数保护一线的同行对水鸟，特别是鸻鹬类的了解几乎为零，不会识别，也缺乏一些最基础的认知，比如它们在哪里繁殖、越冬，种群数量有多少。马克有扎实的野外调查功底，他传授的技能对鸟种识别非常有帮助，全球性的视野更是颠覆了我们对这些水鸟的认知。"

在那次培训中，雷刚还向马克介绍东洞庭湖保护区有种会集成大群举行"飞行表演"的越冬水鸟，起飞、在空中转向、着陆，都是整齐划一！"马克当时就很兴奋，他说根据在繁殖地的统计，全世界还有约1万只黑腹滨鹬的越冬地不明，会'飞行表演'的水鸟会不会就是黑腹滨鹬呢。后来，我陪着他真的就在洞庭湖这个内陆湿地找到了数量巨大的黑腹滨鹬越冬种群，过去人们认为黑腹滨鹬只在滨海湿地越冬。"雷刚回忆说。

此后的15年，马克几乎走遍了中国沿海和长江中下游湿地。野外水鸟调查、技能培训、学术讲座，日程排得满满当当，主题只有一个——水鸟的调查和保护。他也很看重在中小学做保护教育的机会，没有什么比影响下一代更重要。

"我发现了鸭绿江"

在野外与中国伙伴工作时，马克经常触景生情，想起遥远的故乡：冬天的太阳，无力地挂在灰暗的天空，成群的大雁飞过……"这时，我就像回到了在英国的童年，那些气氛相似、寒冷又温馨的冬天。"

问及在中国的最大收获，马克不假思索地说："我发现了鸭绿江！"

1997年，马克开始系统调查沿海湿地，从江苏到天津，收获颇丰。拜访湿地国际北京办公室时，他问起了中国海岸线最北端鸭绿江口的情况。"我觉得那里大有文章可做。"湿地国际立即与保护区联系，火速把他送上了火车。

在鸭绿江口，马克很快有了重要发现：一只斑尾塍鹬在单筒望远镜中被锁定，腿上佩戴的旗标表明，它来自新西兰！在澳大利亚和新西兰越冬的斑尾塍鹬春天飞往环北极苔原带繁殖，秋天再返回越冬地，年复一年，周而复始，每一次完整的迁徙飞行近3万公里，在它们15—20年的生命当中，"航程"远超过从地球到月球的距离。

这个重要的发现让鸭绿江口保护区在国际鸟类学界名声大振。第二年，马克专程带领新西兰鸟类学家来到这里。此后，鸭绿江口保护区与新西兰米兰达保护区缔结为姊妹保护区。此后的小型卫星跟踪研究也证实了鸭绿江在水鸟迁徙中的关键性：2007年，一只编号为E7的雌性斑尾塍鹬从新西兰穿越太平洋不间断飞行180多小时，降落在鸭绿江口，全程10,219公里，在这里停留1个多月采食滩涂盛产的河蓝蛤等补充能量后，再继续飞往繁殖地。鸭绿江口对于斑尾塍鹬来说，无异于高速公路上的加油站。

命运由你主宰

长江中下游地区是东亚—澳大利西亚迁飞路线上水鸟的重要越冬地及营养

在升金湖，渔业是当地居民的重要生计（2011 年 摄）

补给地。2004 年一二月间，原国家林业局和世界自然基金会共同组织了首次长江中下游湿地越冬水鸟同步调查，涉及三峡大坝到长江入海口，跨度达 1850 公里的许多重要淡水湿地，积累三峡大坝蓄水前长江中下游湿地及其水鸟数量和分布的基本资料，这样大规模的水鸟同步调查，在中国历史上是第一次。在此之前，不少保护区甚至从未开展过系统的水鸟调查。

马克是 2004—2006 年长江越冬水鸟调查报告的主要作者，还 3 次参加了安徽省的调查，发现安徽湖群是鸿雁、小天鹅等珍稀物种的重要越冬地。更值得铭记的是，他多年来在中国培养的水鸟调查员，在项目中发挥了关键的作用。在 2004 年的第一次调查中，14 个调查组 60 人共监测到 83 种 515,896 只水鸟，鸿雁和小白额雁的种群数量超出了学术界的估算，对鄱阳湖、东洞庭湖、升金湖等湿地在全球具备的重要意义有了新的认知。

调查工作的艰辛超出常人的想象。为了尽可能降低统计的误差，调查从春节假期开始——这时正值农闲，没有渔业、农业的干扰，水鸟的分布相对稳定，重复计数的概率大大降低。马克所在的队伍，每天五点半起床，乘一小时车以便在天亮前到达第一个调查位点，这样可以利用整个白天开展调查。晚上回来整理并录入调查数据，直到做好第二天的调查计划后才能睡觉。一连20天，60多岁的马克似乎不知疲倦。《人民日报》记者钟嘉这样描述马克在调查时的工作状态：他身高腿长，在前面甩开走，别人在后面得小跑。第一天的野外路程将近20公里，除了停下数鸟，中间没有任何休息。

"我知道中国人比较含蓄，我们在盐城做水鸟调查时，早上起来，有同事和我说：'马克，外面下雨了！'我知道他的潜台词，我说：'哦，大家都把雨衣穿上，穿得暖和些，我们出发吧！'"马克笑着回忆道。

在外人看来不可思议的举动，对这位老人来说，正是不远万里来中国做志愿者的使命驱动：中国是东亚—澳大利西亚水鸟迁徙路线上最关键的国家，在当时，也是水鸟保护问题严重的国家之一，湿地围垦、非法狩猎、不可持续的渔业，几乎在每个调查点都存在。应该拿到最有说服力的数据，来证明保护这些湿地的重要性。

"你付出的越多，大自然给你的回馈就越多，命运由你自己主宰。"马克告诉我，那一天雨一直在下，队员们全身都湿透了，可就在天黑前，他们突然发现密密麻麻的大雁，3万只！

身心俱疲时，我总会想起马克说过的这句话，想象着他扛着单筒，大步流星地走在泥淖之中，永不倦怠。

麋鹿：复兴的喜与忧

　　风从海上来，吹得人睁不开眼，几头雄性麋鹿在川东新闸附近的滩涂上走走停停，时不时缓缓地低下顶着大角的头，寻觅食物，对海堤公路上驻留的游客毫无提防。2021年初冬，我第五次来到黄海之滨的江苏大丰麋鹿国家级自然保护区，10多年前在巡护员带领下，一脚深一脚浅地在滩涂上跋涉许久才能远远观察到的野生麋鹿，就这样在我眼前漫不经心地出现了——它们不是给圣诞老人拉雪橇的驯鹿，而是传说中姜子牙的坐骑。

　　受制于先天的自然禀赋和自古以来发达的经济，人口稠密的江苏并不是自然保护大省，但却拥有闪亮的野生动物保护名片——麋鹿。2021年10月，联合国《生物多样性公约》第十五次缔约方大会在昆明召开前夕，《中国的生物多样性保护》白皮书发布，将麋鹿与大熊猫一并列入濒危物种拯救工程的重要成果，"通过人工繁育扩大种群，并最终实现放归自然"，宣布曾经野外消失的麋鹿在北京南海子、江苏大丰、湖北石首分别建立了三大保护种群，总数已突破8000头。其中，江苏的大丰麋鹿国家级自然保护区，就有6000多头。

麋鹿偏爱湿地环境，也擅长游泳，而自农耕文明开始，湿地就被人类高强度地利用了

麋鹿回家：从围栏内到大海边

麋鹿在江苏的灭绝、回归和复兴，恰好是中国经济发展与自然保护从失衡开始转向再平衡的缩影，但这个过程，绝非坦途。

因为"面似马、角似鹿、尾似驴、蹄似牛"，麋鹿又被称为"四不像"，在公众中的知晓度仅次于梅花鹿。《淮南子》用"麋沸蚁动"形容战争导致的骚乱，可见历史上麋鹿的繁盛。但麋鹿依赖的温带平原湿地，也是人类繁衍生息的沃土，最早被开垦成为农田。人进鹿退，加上高强度的狩猎，以及冷暖周期的变化等影响，到清朝末年，麋鹿在野外基本绝迹。有学者根据访谈，推测麋鹿野外灭绝的时间为20世纪初，而自周朝以来王室饲养麋鹿的传统，让其人工繁育种群在北京郊外的南海子皇家猎苑得以延续。

1986 年，贝福特公爵家族和世界自然基金会提供的 39 只麋鹿运抵大丰（丁玉华 提供）

    19 世纪 60 年代，法国天主教神父谭卫道（Jean-Pierre Armand David）在中国传教的同时，还考察中国特有的动植物。南海子一种类似驯鹿，长相又很奇特的鹿引起了他的关注。通过贿赂南海子的守卫，谭卫道得到了头骨和毛皮标本，随即寄往法国自然博物馆鉴定。于是，这种中国特有的鹿科动物有了拉丁学名 *Elaphurus davidianus*。这一发现也促使英国、法国、德国、比利时等地的动物园从中国获取麋鹿。1895 年发生在北京的洪水和随后几年的战乱，让南海子的麋鹿小种群在 1900 年也消失了。这个坏消息促使乌邦寺庄园的主人、第十一世贝福特公爵把散落在欧洲各国动物园的麋鹿尽可能集中起来，共 18 头，延续种群。现今世界各地的麋鹿，全都是它们的后代。20 世纪 80 年代，改革开放让中国的大门再度打开，野生动物保护成为中外合作的先锋领域，拯救大熊猫、朱鹮的同时，麋鹿的回归也提上了日程。在乌邦寺向南海子"反哺"麋鹿一年后，1986 年，世界自然基金会向江苏提供了 39 头麋鹿——目标很明确，在原生栖息地，恢复能实现自我维持的野生种群。

为什么会选择人口稠密、土地资源紧缺的江苏？

从北宋开始，黄河多次改变流向，从黄海之滨的江苏入海，带来了大量的泥沙，在潮水的作用和长江的夹击下，形成了越来越宽广的淤泥质海岸，无法耕作，也不利于发展航运，阻碍了当地经济的发展，但也因此留下了绵长的自然岸线和滩涂湿地，时至今日，这里仍是丹顶鹤在中国最重要的越冬地，小青脚鹬、勺嘴鹬、黑脸琵鹭等濒危水鸟在迁徙路线上最关键的停歇地，也是100多年前麋鹿野外灭绝前的最后家园。

历史上有麋鹿分布，又有面积足够大的适宜栖息地，且获得了当地政府的支持，江苏盐城的大丰，就这样成为回归麋鹿的新家。据说上海自然博物馆古生物学家曹克清在为麋鹿回归编制方案时，也曾考虑过在里下河地区的泰州选址，但因当地政府持保留意见而作罢。

丁玉华研究员原本是一名兽医，从大丰保护区创业开始，他和麋鹿结缘，"我骑着自行车报到，差点没找到保护区在哪里。"他的回忆足见当年工作条件的艰苦。39头麋鹿刚刚抵达大丰时，分别住进了单独的棚舍，情绪烦躁，不吃不喝。大家思来想去才意识到麋鹿是群居动物，不能彼此分开。麋鹿的保护工作，就这样摸着石头过河，从零起步。高温干旱天气影响了水质，麋鹿又出现了水土不服，有的发生严重的腹泻。丁玉华根据兽医临床经验和野生动物的用药原则来治疗，还和同事日夜不停地用水泵补水，改善水质，那段时间每天只睡3小时。

幸运的是，麋鹿很快展现出了对自然的适应能力。保护区圈出了足够大的林地和沼泽，让麋鹿在半散养的环境下过渡。即便是在食物匮乏的冬季，麋鹿也能找到可食植物，结冰时能找到水源，遇到寒潮刮西北风时，麋鹿全都迎风站立，风顺着毛刮过去，保温效果自然好很多。到了1998年，大丰麋鹿总数达到354头，麋鹿回归野外，终于有了可能性。

麋鹿每胎仅产 1 崽

　　习惯了人工控制的环境，麋鹿回到野外能适应吗？保护区有海堤公路穿过，为了让麋鹿放归后能适应这样的环境，保护区在靠近公路的坡地上搭建了 10 亩（1 亩 ＝666.67 平方米）的围栏，让它们感受汽车鸣笛等各种噪声。起初一有响动麋鹿就躁动不安，但没多久就习惯了，也能在围栏中找到适合的植物和淡水，放归的时机成熟了。即便如此，在办理审批手续的过程中，原国家林业局还特别叮嘱保护区不要主动做宣传报道，可见这项工作的压力之大。

　　1998 年 11 月 5 日，保护区挑选了体质强壮的 8 头麋鹿进行试验，这是 100 多年来麋鹿第一次走出围栏，回到野外。一头较强壮的公鹿带着的无线电颈圈源源不断地发回信号，工作人员 24 小时不间断地进行跟踪，沿着海堤公路确定它们的活动范围。如果连续 3 天在外围看不到麋鹿，他们就要结伴进入滩涂深处，在芦苇中步行寻找野生麋鹿的踪迹……

　　经过一冬一春的考验，1999 年春，一头野外放归母鹿产了第一头小崽。由

几只椋鸟从麋鹿身后飞过

于怀孕时还是在半散养区，不能算是真正意义上的"野生"，但保护区还是记录到了麋鹿很多有意思的行为：分娩前母鹿会离开鹿群，找到安静、避风、向阳的地方，幼崽出生后母鹿会立刻把遗留的胎盘、血迹吃干净，可能是防止天敌循着气味来捕猎；哺乳后，母鹿回到鹿群，幼崽单独藏匿，这或许是一种生存策略——鹿群的目标很大，一旦有天敌来袭击，以幼崽的体力根本无法脱身。

一年冬天，我跟随巡护员在保护区监测麋鹿。潮水退去的滩涂，我穿着防水户外鞋，深一脚浅一脚地艰难前行，巡护员只凭借胶鞋，就蜻蜓点水般穿过了最泥泞的洼地，这都是常年野外工作练就的真功夫。再穿过一片茂密的芦苇，视野豁然开朗。我们眼前的光滩上布满了野生动物的痕迹，粗壮的鸟类脚印，是丹顶鹤或灰鹤的，尖尖的两瓣，是小型鹿科动物獐的脚印，而一大片卧痕，则是麋鹿在这里晒太阳留下的。继续前行，我们终于通过望远镜发现了在水坑边活动的一群麋鹿，一头成年公鹿突然抬起头，警觉地看着我们。专家告诉我，这时得原地观察，等它们放松了警惕，才能在大米草的掩护下慢慢靠近。

在持续的野外监测中，巡护员积累了很多经验，比如年龄识别，以公麋鹿为例，一年生的幼崽身上有梅花斑，二年生的长出笔杆一样的角，此后每一年分出一叉，直到第五年长出4个叉。性别辨认就更有意思了，麋鹿刚产崽时很难靠近，巡护员就从幼崽的排尿行为判断：雄性从腹部排出，雌性从尾部排出，这用望远镜就能观察得很清楚。

2003年3月3日，在野外出生的麋鹿又生下了小崽，100多年中国没有野生麋鹿的历史终于结束了。此后，大丰麋鹿野外放归成功实施6次，野生种群目前已扩大到2600多头，它们沿着海岸线向北分布到大丰港，向南一直扩散到了长江入海口的南通启东。

麋鹿"闯祸"谁来担责

《野生动物保护法》规定，"野生动物造成人员伤亡、农作物或者其他财产损失的，由当地人民政府给予补偿"。但在实践中，因为缺乏快速反应机制，财政覆盖能力亦有限，发生人兽冲突时，农民往往是弱势的一方，而一线保护机构则要背负本应由地方政府承担的责任。

"我们是刷抖音时看到启东出现麋鹿的，专门去现场监测，虽然没有直接观察到，但农田里的蹄印、粪便都不少，好在麋鹿的数量还不多，当地人新鲜劲儿还没过，并不太计较庄稼受损，再往后就难说了。"保护区技术员俞晓鹏是土生土长的大丰人，从小就以家乡有麋鹿这样的国宝为荣。在前辈们的回忆中，2003年第一头纯野生的麋鹿，就是在农民的麦地附近出生的，一群麋鹿一夜之间就把几亩玉米苗啃食了，好在老百姓保护野生动物的觉悟都很高，并没有带来什么麻烦。

但俞晓鹏就没这么"幸运"，2016年他到保护区工作没几天，就遇到周边农

清晨，麋鹿在取食禾本科植物

民因为庄稼受损，隔三岔五地来保护区讨说法。当地虽然也有人兽冲突补偿机制补贴受损的农户，但申请周期长，手续也烦琐，有限的财政也不可能覆盖所有的损失。

为了防止麋鹿啃食农作物，有的农民在农田安装了尼龙网，麋鹿的鹿角被缠绕后，如不及时救助，极易发生伤亡事故。

"从大丰港到东台，直线距离有100多公里，沿海岸线都有麋鹿的分布，不管是麋鹿掉进人工浇筑的水渠里，还是发生车祸，或者被尼龙网缠住了，我们都要立即开展救助，几乎每天都有这样的任务，人力和财力的压力越来越大。"保护区林业工程师刘彬告诉我，一天夜里，他和同事一口气救助了近20头掉入水渠的麋鹿，麋鹿水性很好，但混凝土浇筑的水渠，坡岸几乎是直上直下的，麋鹿无法爬上来，全都得麻醉后拖上岸。万幸的是，这些年保护区周边地区的农田、苗圃，都由政府投资修建了金属围网，麋鹿"闯祸"的频率明显低了。

对麋鹿更微妙的态度转变来自保护领域内部。

江苏盐城国家级珍禽自然保护区曾从北京南海子引入麋鹿供游客参观，但事与愿违，麋鹿在圈舍里气味熏人，保护区索性还11头麋鹿以自由，在水草肥美的核心区，麋鹿很快增长到了300多头，现在保护区担心的是，它们的快速扩张，难免干扰到人工繁殖放归野外的丹顶鹤在夏季孵化、育雏。

2020年初，距离大丰保护区40多公里的条子泥湿地突然来了一群麋鹿。"起初有30多头，越聚越多，2021年我统计到的有406头，包括很多在条子泥出生的幼崽，政府领导和游客看了很高兴，说明我们条子泥保护得好。"生态摄影师李东明这些年以条子泥为家，作为志愿者参与勺嘴鹬等濒危水鸟监测和保护工作，他发现麋鹿很喜欢在黑嘴鸥筑巢繁殖的碱蓬地活动，"麋鹿一脚踩下去就是碗口大小的足印，这么一大群频繁活动，几百对黑嘴鸥的巢就保不住了。"条子泥湿地所在的东台沿海经济区管委会闻讯后，火速聘请了6位工人，在黑嘴鸥繁殖地日夜守候，直至幼鸟离巢。政府的保护行动让李东明深受感动，但这样的应急之举并非长久之计,"说到底,还是适合鸟类、麋鹿生存的栖息地太少了"。

丁玉华认为,要从生物多样性的角度看待麋鹿种群的增长和扩散,水鸟和哺乳动物都是物种多样性的一部分,不能从单一物种的角度去评估,况且湿地物种之间的关系也是在动态的变化中。麋鹿种群的扩散,对鸟类来说也会有很多积极的影响,比如这些年在滨海湿地疯狂扩张的入侵物种互花米草,挤占了水鸟的觅食、停歇空间,但在麋鹿活动频繁的区域,也会因为踩踏和采食而被控制。

谁来扮演顶级捕食者

健康的生态系统像一座金字塔,每个物种都有自己的位置,发挥着相应的功能并互相制约,没有哪一个成员会过度发展。但当今的世界已经是"人类世",在绝大多数地区,生态系统早已千疮百孔,食草动物一旦受到保护,就会爆发式地增长。没有天敌调控数量,没有法律依据来捕猎国家一级保护动物,扩散出去带来人兽冲突,留在保护区,补饲成本又在逐年攀升,麋鹿似乎集齐了当下物种保护的所有矛盾。

阳光明媚的清晨,潮水已经退去,俞晓鹏开着保护区的皮卡车来到第三放养区巡护,这里和外界完全连通,生活着2000多头麋鹿。几百头一群聚在一起,看不到一点儿植被,短短四五年时间,江苏沿海地区最为顽固的入侵物种互花米草也都没了踪影,路边的防风林里也已寸草不生,满地都是麋鹿的粪便。车还没停稳,有些麋鹿似乎有些按捺不住,胆子大一些的就朝车走来。原来,每到秋冬季,食物来源减少,保护区都要补充饲料,这样也能避免更多麋鹿"离家出走",和农民发生更多冲突。为了"饲养"这些麋鹿,保护区存储饲

环绕着麋鹿的昆虫恰好是牛背鹭的美食

料的库存能力高达 6500 吨。

学习美国黄石国家公园的成功案例，重新引入狼来控制食草动物，可行吗？

四川甘肃两省交界处的唐家河，是大熊猫的重要栖息地，被自然爱好者们奉为中国最值得探索的兽类天堂，一年元旦假期，我和同伴在唐家河记录到 10 多种兽类。生性机警，在其他地方往往只能匆匆一瞥的小麂、毛冠鹿、斑羚几乎是随处可见，身强体壮的羚牛更是安逸地在路边活动。钻进树林，地上满是这些食草动物留下的脚印和粪便，有些区域的植被被啃食得只剩下光杆。当地有稳定记录的豹猫、金猫很难对这些中大型食草动物带来威胁，专家们寄希望于狼、豺这些顶级捕食者的回归。

而大丰保护区所处的东部地区人口稠密，不可能寄望于重引入豺狼虎豹这些天敌来调控麋鹿种群。

北京林业大学生态与自然保护学院副教授贾亦飞博士认为："麋鹿在局部地

区密度过大，且没有竞争物种，也缺少来自肉食性动物的捕食压力，优胜劣汰不足，其实不利于种群的健康，对个体来说，由于被捕猎的压力消失，它们的运动量减少，也会出现体脂率偏高等健康问题。我们建议主管部门考虑一些野生动物管理措施，在法律和政策条件成熟后，在特定的区域和季节，人为猎捕一些个体，这在美国、日本都有非常成熟的案例，国内的研究机构也有能力持续监测研究，为开展这项工作提供科学指导。"

当前麋鹿种群扩张带来的人兽冲突、局部栖息地过载等问题，都是20世纪80年代保护区拓荒者们不会料到的甜蜜"苦恼"。但保护的终极目标，绝不仅仅是拯救濒危物种那么简单——尽管这是最能打动人的故事情节，保护工作最终要实现的是生态系统的全面修复和野生动物种群的科学管理。丁玉华预测，麋鹿的复兴可能会形成两条主线：一条是以江苏大丰麋鹿为中心的沿海野生麋鹿生态廊道，一条是以湖北石首麋鹿为中心的长江中下游野生麋鹿生态廊道，而这一横一纵的生态廊道，也是中国经济社会发展的重要支撑。

足够的时间、空间，先行者的远见和努力，接力者的专业和诚意，让麋鹿重引入成为人类拯救濒危物种的经典案例，也让我们和后代能有机会再看到洪泛平原上曾经消失又在复兴的自然景观。而麋鹿之歌，要永远在湿地荒野传唱下去，还需要人们做出更持久的努力。

4

共存

人类活动给地球带来巨大的变化，我们所处的地质年代早已是"人类世"，甚至是"城市世"，人类不再同周围的动植物协同进化，但热爱生命仍是人性中最真实的部分，无论是基于经济、政治、科学，还是美学或伦理的原因，我们都有责任继续寻找与它们世代共存的可能。

南京四季，慢慢走

每天步履匆匆，不知不觉又是一年。梅花、玉兰、樱花、荷花、桂花、菊花、蜡梅次第开放，毒辣的阳光一遇到法国梧桐[1]，只能漏下些光斑；爬上鸡鸣寺药师塔，明城墙、玄武湖和紫金山尽收眼底……

当我开始观鸟、赏蝶、识别植物，又发现了南京这座城市的新世界。在南京的四季里，我和朋友们边走边看，也尝试着追问：在城市，人类该如何理性地匡正厥失，让自然再现生机？

紫金山

紫金山无疑是南京的地标，也是快速融入南京历史和自然的好去处。春秋两季在头陀岭观赏迁徙的猛禽过境，背景就是玄武湖和城市天际线；冬夏季的候鸟种类也极为丰富，甚至还有紫背苇鳽、紫寿带这些南京罕见鸟种曾在中山植物园出没。在北坡偏僻的地段，你或许能与獐、野猪狭路相逢。

---

1 法国梧桐其实是二球悬铃木，曾栽培于上海法租界，后引种至南京、武汉等地，因此得名。

中华虎凤蝶又被称为惊蛰蝶，一般在万物萌发的惊蛰前后破蛹而出，一年只发生一代

　　每年惊蛰前后，去紫金山寻找刚刚羽化的中华虎凤蝶，是春天最有仪式感的户外活动。中华虎凤蝶一年只发生一代，幼虫仅靠杜衡这一种寄主植物延续生命，一年里有300天都是蛹期。

　　初春，我和好友跟随蝴蝶专家张松奎老师专程寻访中华虎凤蝶，山谷间的小路，生命都在悄悄绽放，枯叶里钻出了老鸦瓣，犁头草、紫花地丁也三三两两扎堆绽放……

　　忽然，虎凤蝶从头顶闪过，穿过还没萌发绿意的树林，我踩着满地枯叶疾步追踪，它却顺着微风没了踪影。

　　树下，杜衡心形的叶子上还带着露水，翻开树叶，日晒充足的杜衡甚至都开出了肉嘟嘟的小花。这杜衡和中华虎凤蝶有着天然的默契：叶芽出土几天后，中华虎凤蝶便羽化，绿叶开始挥发香气时，中华虎凤蝶便来产卵，等杜衡长得肥嫩时，以其叶片为食的中华虎凤蝶幼虫便孵出。

中华虎凤蝶（雌）

中华虎凤蝶将卵产在杜衡上

正当我们在观察野花时，又一只中华虎凤蝶从树丛中飞出，顺着山路形成的宽敞"蝶道"向前飞，落在了老鸦瓣上，我们不敢贸然上前，远远地先用望远镜观察。惊艳！黄底黑纹如老虎，真不枉蝶友们喊它"虎子"。黄底黑纹"裙带"的中间嵌有蓝色斑点，最里面有一列弯月形红斑，阳光下泛着金属光泽。

在专家看来，中华虎凤蝶面临的威胁，过去主要来自盗猎，如今除了城市建设对自然环境的挤压，还有不科学的植树造林[1]。

早春，阳光能穿透落叶阔叶林，滋

1 作为十朝古都的南京，战乱不断，对紫金山的植被造成了严重破坏。1911—1927年间，紫金山栽种了大面积的马尾松。1928年，中山陵即将建成前夕，紫金山开展了有计划的造林活动，基本郁闭成林。抗日战争期间，除中山陵、明孝陵、灵谷寺、天文台南坡一带，紫金山绝大部分森林又遭到破坏。1949年至1962年，新一轮植树造林基本结束。其中，杉木、黑松、湿地松、火炬松等都属于南京的外来树种，在早期对紫金山的常绿景观起到了非常积极的作用。随着时间的推移，由于外来树种的生态适应性远比不上本地树种，在森林的演替过程中，自然更新的本土树种逐步取代了外来树种而成为优势树种。现在，早期的造林树种大多已长势严重衰退或死亡。而栎类、青冈、苦槠等乡土树种依旧长势旺盛。

南京灵谷寺是夏夜欣赏萤火虫的好去处

养林下的杜衡，夏天林下湿润的小环境也利于杜衡生长，冬季厚厚的落叶是蝶蛹抵御严寒的棉被。遗憾的是，紫金山新修的路纵横交错，又将中华虎凤蝶的栖息环境割裂成孤岛。更令人焦虑的是，二十多年前为了营造四季常绿的景观，常绿阔叶树种高杆女贞和香樟被大量栽种于中华虎凤蝶栖息区，它们的遮光效果比针叶树还强，致使部分区域中华虎凤蝶赖以生存的寄主植物杜衡难以生长。

在紫金山，不植树或许就是最科学的生态保护。这里的土壤已经相当肥沃，生物多样性也很丰富，哪片土地上会长什么，大自然很快就会给出答案，而自然生长出的，大抵才是最合适的。

对自然存有"无为而治"的善念，自然也会给予我们更多。到了盛夏的夜晚，灵谷寺的萤火虫，像浪花一样在林间荡漾，这才是紫金山最健康的生态注解：高大的乔木以及纷繁的灌木、杂草构建了完整的森林生态系统，空气湿润，没有灯光污染，更没有杀虫剂和除草剂的破坏。写到这里，我又开始期待紫金山的夏夜了：萤火虫亮起昏黄色微光，红角鸮发出电报般的叫声，一声近，一声远，这样的情景总让人们感念自然的恩惠。

老山

山不在高，有仙则名。长江北岸的老山最高峰只有400多米，但却是一座"仙山"，除了众多古刹，还有一种叫仙八色鸫的鸟每年夏天来此繁殖，让各地的"鸟人"趋之若鹜。

我已经记不清去过多少次老山了。南坡有一条山路，若不停歇，20分钟就能从停车场走到半山腰。可是凤头蜂鹰、红翅凤头鹃，银莲花、瓜子金，冰清绢蝶、美眼蛱蝶，一年四季次第登场，绊着你放慢脚步。你在春天刚刚辨识清楚的堇菜等野菜刚刚谢幕，夏季的蛇莓、覆盆子、蓬藟等野果又轰轰烈烈登场。再到夏候鸟光临时，老山就进入了高光时刻。

青豹蛱蝶

　　每年5月，黑枕黄鹂总是用沙哑的"猫叫声"和鲜黄的羽色打破山脚下一片茶园的宁静。刚刚抵达的那几天，它们还忙着抢占茶园里一片片高大的乔木营巢，你追我赶，让观鸟者看得过瘾，等到了繁殖季，就都难觅踪影了。

　　最喧闹的是小灰山椒鸟，总是发出一颤一颤的哨音，结群从茶园上空飞过。白眉姬鹟则安静得多，一雄一雌在高大乔木的树荫下跳来跳去，朋友们给雄鸟起了"鸭蛋黄"这样的昵称，其实，那种明快又鲜艳的黄，很难用文字来描述。

　　可当仙八色鸫从东南亚的越冬地飞抵老山时，再美的鸟儿似乎都显得黯淡了。真像是调色盘打翻在了仙女的长裙上，仙八色鸫一身有湖绿色、亮蓝色、猩红色、黑色、栗褐色、茶黄色、白色、灰白色等八种色彩，让观鸟者无不趋之若鹜，也难怪命名者给它起了nympha（希腊语"仙女"）这样的名字，英文名索性就用了fairy。

　　要想见到仙八色鸫，真的得趁早。这种地栖性鸟类在老山喜欢选择植被茂

初春时节盛开的刻叶紫堇

密、附近有水源的山地环境栖息、繁殖。只有刚刚抵达老山的那些天，它们会活跃在树冠层高调地鸣唱，寻找配偶，标记领地。此时，按"声"索骥找到它们的可能性最大。

一年初夏，连云港鸟友韩永祥坐了一夜的火车，专程赶到南京就为了看它一眼。清晨的林间，薄雾尚未散去，我们找到仙八色鸫时，它正"雾哦——雾哦——"地歌唱。微风中，亮蓝、湖绿和猩红的色彩在鲜绿的树叶中闪动，我们身体的疲惫顷刻一扫而光。

而仙八色鸫繁殖的行为，早在10多年前就由南京的"鸟人"们完整地记录下来，在数码摄影尚不算普及的年代，全程的影像记录弥足珍贵。

2008年夏季，南京几位资深观鸟爱好者和摄影师寻找到一处仙八色鸫繁殖点，为了尽可能降低干扰，几乎是秘而不宣地持续观察记录繁殖过程：

死去的赤链蛇引来了二尾蛱蝶等昆虫

2015年夏，一对仙八色鸫把巢址选在山路边的大树上

仙八色鸫育雏时，家长往往是一次叼满很多条蜈蚣、蚯蚓（夏淳 摄）

　　巢穴营造在斜坡上，周围有枫杨、构树，地面还有不少蕨类植物。巢口直径约12厘米，外围是较为粗大的树枝，向里的树枝越来越细小，巢内垫有柔软的草梗、树叶、苔藓，有5枚卵。

　　夫妻轮流孵化，经过15天的孵化和13天的巢内喂养，小鸟出巢了，它们会发出"呼噜、呼噜"的声音，频率极低，觅食归来的家长能准确找到阴暗灌丛下的小鸟位置。

　　这样的环境下，食物来源相当丰富，家长往往是一次叼满很多条蜈蚣、蚯蚓，放在石头上，用嘴把蜈蚣、蚯蚓等分成"藕断丝连"的小段，再喂给雏鸟。

　　令人意外又惊喜的是，这对夫妻在育雏的同时，又在附近营巢繁殖另一窝宝宝，摄影师夏淳在一天中午顶着酷暑来守候仙八色鸫宝宝，可他怀着无限的憧憬一步步靠近时，看到的竟是王锦蛇正在吞食离巢的雏鸟。眼睁睁看着日日守候的宝宝们丧命蛇口，夏淳痛心疾首。[1]

弱肉强食是自然规律，真正让"鸟人"们忧心的是放生活动对鸟类的威胁。因为被某些人认为有特殊的灵性，蛇在放生活动中尤其受到欢迎，我们在老山甚至记录到并无自然分布的舟山眼镜蛇。这样不科学的放生不仅有违"护生"的初衷，还给生态系统带来灾难。购买野生动物放生，更是直接刺激了更多的盗猎和非法贸易。鸟类保护组织曾在调查中发现鸟市相当一部分交易的需求来自放生活动，这导致更多野鸟在捕捉、运输、交易过程中死亡。而在非物种分布区放生，被放生的个体要么难以存活，要么导致物种入侵。比如，巴西红耳龟捕食能力强，又缺少天敌制衡，不但影响本土龟类，还传播沙门氏杆菌，目前已经泛滥。更棘手的是，在长江中放生的西伯利亚鲟与史氏鲟的杂交品种，还有可能污染中华鲟的基因。

绿水湾

长江穿城而过，在南京留下近200公里的蜿蜒江岸，定淮门长江隧道和长江三桥之间的部分还保留着自然岸线，除了长江江豚在这一带水域频繁出没，北岸还有一片由长江泥沙淤积形成的湿地"绿水湾"，宛如一片璞玉镶嵌在江边，它承载了南京"鸟人"们最美好的回忆：成片的芦苇望不到边，中华攀雀、震旦鸦雀活跃于其间，野鸭、大雁、红嘴鸥数以千计。

2016年1月9日下午，雾霾。我在绿水湾观鸟，越走越觉得凄凉——过去长满芦苇、芡实的水塘被推土机、挖掘机开膛破肚，改造成了苗圃。3时许，天空已经暗淡无光，我正准备离开，突然看到一只天鹅在空中盘旋一圈后又落

---

1 节选自《仙儿奇遇记》，刊载于《中国鸟类观察》2010年第5期江苏专辑，夏淳口述，袁屏整理，雷铭补充。

震旦鸦雀，其模式标本即采集自南京

入不远处的鱼塘中。沮丧一扫而空！小天鹅[1]每年冬天在石臼湖越冬，眼前刚刚飞过的这只，或许是迁徙路上落单的个体？

我慢慢靠近时，戏剧性的一幕出现了，这只天鹅跟着一群家鹅游来游去。天使落入凡间，不变的是傲气。巡游一番，家鹅上岸，它转了转修长的颈部，没发现什么异常，随即安心埋头在水里觅食了。

烟灰色的羽毛表明，这是一只未成年的天鹅(即"亚成体")，在望远镜里，我细细观察，越看越疑惑：从体型上看，颈部和身子的比例更像大天鹅，但喙

---

1 全球有 7 种天鹅，中国有稳定记录的是小天鹅、大天鹅和疣鼻天鹅。小天鹅，越冬于黄河和长江中下游流域，在南京石臼湖有比较稳定的越冬记录；大天鹅，繁殖于新疆、内蒙古和东北，越冬于黄河和长江中下游流域，较前者的越冬地更偏北方，迁徙时经过华北、华东和东南沿海，南京有零星的记录；疣鼻天鹅，繁殖于新疆、青海、内蒙古、甘肃和四川北部的草原湖泊，越冬于华东和东南沿海，南京此前没有已知的影像记录。

2016 年 1 月，1 只疣鼻天鹅出现在绿水湾，在一群家鹅中，它傲世独立

部（嘴）的斑块接近三角形，又排除了大天鹅和小天鹅。疣鼻天鹅无疑！南京的野生鸟类名录由此又增加了一笔闪亮的新记录。

　　受城市扩张、精细化水产养殖、人工造林、湿地公园建设等的影响，十多年间绿水湾的鸟种数、种群数量有明显减少，对栖息环境要求较高的雁类（鸿雁、灰雁、白额雁、小白额雁等）几乎绝迹。即便如此，坐拥长江，背靠老山，又有农田、次生林等丰富生境的绿水湾，在春夏之交的鸟类迁徙季，单日仍可记录到 60 多种鸟类。

　　深深浅浅的池塘，让过境的鸻鹬各取所需，大面积的水域则是野鸭们的庇护所。长满杂草的小路和田埂，是黄胸鹀、芦鹀、北鹨这些素食主义者的餐厅。芦苇里，可以找到中华攀雀、红颈苇鹀、芦鹀、苇鹀的踪影。天空中，普通燕鸻集群翻飞。信手摘录几笔春天的记录，就能窥见它的魅力：

3月9日 芦鸭 赤颈鸭 针尾鸭 琵嘴鸭

3月16日 栗耳鹀 红颈苇鹀 赤麻鸭 白眉鸭

4月14日 游隼 黄眉鹀 黄鹡鸰 红尾伯劳

4月21日 栗鹀 斑胸滨鹬 棉凫

4月26日 黄胸鹀

4月28日 泽鹬 林鹬 翻石鹬 青脚滨鹬 长趾滨鹬 弯嘴滨鹬

5月6日 流苏鹬 北鹨 小田鸡

　　放眼长江三角洲，绿水湾最有潜力借鉴香港米埔湿地保护经验（见下文"米埔：千鸟千寻"一节），成为城市中的自然保护地。若能恢复曾经的生机，

绿水湾在城市的快速扩张中成为河西新城和江北新区之间的飞地（严少华 摄）

迁徙途中在绿水湾逗留的小田鸡

在绿水湾繁殖的普通燕鸥

将为南京留下弥足珍贵的自然遗产。

遗憾的是，绿水湾早在 2005 年 12 月就获批建设湿地公园，但始终未能真正落地。而 10 多年来内地遍地开花的湿地公园，忽视了天然湿地的巨大生态价值，多数被错误地定位为城市公园，将长期自然选择、优胜劣汰形成的天然植被简单地视为杂草清除，栽种园林树种或单一的速生树种，大面积硬化道路，无节制地建设人造景点、旅游设施，不仅导致生物多样性大幅下降，有的还引发了新的污染，结局往往是游客来了，鸟不见了。经历多次修订、调整的绿水湾湿地公园规划方案也未能走出窠臼。

是留住绿水湾这块璞玉，保存长江洪泛平原的原始风貌，给世代迁徙的候鸟留下庇护所，引导人们在这里修复与自然的连接，更科学地认识自然；还是重蹈多数湿地公园的覆辙，以保护、修复的名义破坏生态，继续短视、粗糙地建设蹩脚的休闲场所？我和热爱自然的朋友们，都期待着绿水湾湿地能早日重现雁鸭声声的荒野图景，让长江的生机与野性永远留在南京的城市版图，成为一代又一代人心灵深处的荒野印记。

一个村庄拯救一个物种

  成功的保护案例在国内屈指可数，而广西崇左的山林，庇佑的不仅仅是白头叶猴，还有荒野之歌传唱下去的希望——也是人类的希望。

  白头叶猴是一种半树栖半岩栖的灵长动物，因其白头白肩而得名，但幼崽全身却是金黄色的，一年之后才慢慢变成黑白相间的模样。它们以家庭为单位群居在喀斯特石山上，白天跃动在丛林间玩耍觅食，夜间在岩壁上休憩。20世纪50年代初由北京动物园谭邦杰先生发现并命名，是第一种由中国人命名的灵长类动物，分布在广西左江以南的喀斯特石山。

  我第一次知道白头叶猴，是通过中央电视台专访北京大学潘文石教授的新闻栏目，潘老师用充满感情的语调，讲述在野外从事生物学研究、保护工作的经历，他身后的树丛中白头叶猴在跳跃、觅食，几乎无视人的存在。

  我不敢相信：中国有这样的地方？野生动物不怕人？

  2008年冬，我参加"野性中国"在崇左弄官生态公园举办的"中国野生动物摄影训练营"，有机会近距离了解这一物种，更被潘文石教授建立起来的"挪亚方舟"所感动。

  从广西首府南宁到崇左弄官生态公园，只需要一个多小时的车程，连绵的喀斯特石山之间，是没有边际的甘蔗田，干旱的石山之下，适合种植的作物很

在中国野生动物摄影训练营，潘文石教授接过奚志农老师赠送的《野性中国》画册，
回忆起秦岭岁月

有限。暮色中我不知不觉睡着了，醒来时大巴已经停在公园的篮球场上。这里曾经是军营，夜宿的客房由志愿者管理，养猪场和菜地是此后几日观鸟的好地方。

训练营开幕日我特意早起，从宿舍到教室边走边观鸟。我正观察黑鹎时，忽然身后传来熟悉又陌生的声音，转身一看，是潘老师驾驶着电动车与客人交谈，与我擦肩而过。我打小对追星不感兴趣，可那一刻却有了过电一样的感觉。

一连两个晚上，我和参加训练营的媒体朋友有幸在崇左弄官生态公园与潘文石教授对话，他一边谈野生动物保护以及背后的社会问题，一边认真记录每一位朋友的提问，在第二天的夜谈中一一作答。

就在我们到访前不久，《纽约时报》记者来崇左拜访了潘文石教授，以"一个村庄拯救一个物种"（"It Takes Just One Village to Save a Species"）为题报道了当地的白头叶猴保护工作。

和广西多数喀斯特山区一样，崇左经济比较落后。这里很多地名里都有

白头叶猴以树叶和水果为食

"弄"，在壮语中是"石山间的小平地"，土壤很薄，也很难涵养水源，但也是中国"最甜"的地方——这里盛产甘蔗。对我们一行人来说，更甜蜜的是能看到白头叶猴。

1996年，潘文石教授来到崇左研究白头叶猴，彼时的山区，正陷入贫困、开荒和偷猎恶性循环的生态危机：当地居民出于对薪柴的需要，将砍伐一步步向白头叶猴的栖息地推进，白头叶猴的食物来源越来越有限，生存空间越来越狭窄。猴子没有了栖息地，缺少植被覆盖的石山水土严重流失，没有清洁的水，当地人肝肿大高发；在贫困线上挣扎的人们还盗猎白头叶猴泡"乌猿酒"。

"1996年，我带着学生刚来的时候，春天几乎见不到植物开花，田间找不到蛇和青蛙，但老鼠很多，白头叶猴濒临灭绝。"从研究、保护大熊猫到白头叶猴，潘文石教授越来越深刻地理解社区问题在野生动物保护中的重要性。

"我找到雷寨一个有84岁高龄的壮族老人，叫陆宝林，了解当地的风俗和生活。老人给我倒茶，那水很浑浊，一股异味，我就想到村口有池塘，有水牛在里边泡澡、大小便，村妇也在里边洗衣服。于是问这水是从哪里打的，果然，老人说就在村口的池塘打的，整个村子的乡亲们都喝这口塘里的水，想喝干净水，得到几公里以外去挑。"

　　解决人的问题，才是保护白头叶猴的关键。在潘文石教授的带头示范和努力下，政府拨款帮助农民修建了沼气池，农民不再需要上山砍柴，清洁的水也引到了村子里。自然生境得以休养，树多了，鸟类、蛇类和各种食肉动物的数量也增加了，害虫及鼠类数量减少了。农民在甘蔗地里不用或少用农药，投入的成本也减少了，农民把原先用于砍伐和打猎的时间转移到对农作物的细心耕作上，因而收成也就提高了。潘文石教授和他的团队也通过海内外朋友及民间组织的支持，帮助农村社区修建乡村医院、小学、饮水工程和其他一些新农村建设的小项目来改善村寨百姓的生活。

喀斯特山区适合耕作的土地非常有限，甘蔗是最主要的经济作物

在猴群中我们总能找到金黄色的幼崽，它们的出现标志着种群的活力

　　我们这些来自五湖四海相聚在崇左的营员，当然也是生态保护的受益者。

　　训练营的日程安排得满满当当，上午听讲座，下午野外实战，白头叶猴自然是营员们最期待的拍摄目标。

　　虽说崇左弄官生态公园是拍摄白头叶猴最理想的野外基地，在这里要找到猴子也要遵循规律。一身厚毛发的猴子夜间住在峭壁高处的山洞里，天不亮就出洞，之后稍微活动一下，就赶快吃东西。日头高了，它们就钻到阴凉处休息，既可以节约能量又不挨晒，这时再要寻找猴子的踪影，难度就太大了。直到下午四五点钟，阳光不再灼热，它们才重新活跃起来。

　　一定要赶在日落前找到它们。登山道两侧到处都有眼镜王蛇出没的警示，我始终不敢踏进草丛半步。绕过一个山头，眼尖的同伴很快发现远处一块岩石上有黑色的影子，真的是白头叶猴，它们端坐着，不细看真不会发觉，不等我们商量好如何靠近，猴群一溜烟地不见了。

　　峰回路转，我们再看到白头叶猴时，它们正在山头上聚集着休息，莫西干头上一片雪白，像是山尖上的积雪，尾巴则舒展悬挂着。最活泼的是小崽，金黄色的毛发，上蹿下跳，互相追逐。其中一只好奇心很重，爬上离我们最近的山崖，伸出脑袋望着我们。调皮的家伙，拽着家长们的尾巴，在悬崖上荡秋千。

　　别看这些小崽都是家长们的心头肉，一旦家庭关系破裂，它们性命难保。白头叶猴重要的社会生存方式是以家庭形态为主，表现形式为"一雄多雌，多雄多雌，多雄少雌"。这三种形态中最稳定的是一雄多雌，其他两种都是过渡形态。过渡形态常常是通过战争，取代年老的白头叶猴或被其他白头叶猴取代，成为一雄多雌，使得最强壮的公猴得到更大的繁殖机会。雄性入侵—杀婴—助家，构成了白头叶猴以雌性为中心的繁殖进化战略，这一战略确保了它们世代相对稳定地生活。

　　2016年的最后一天，我重访崇左，在白头叶猴保护区的监测中心，和游客们一起观看高清摄像头传输回来的白头叶猴栖息地实况，还在喀斯特石山下守

2016 年末，我再访崇左，通过巡护实时监测系统就能找到白头叶猴的踪迹

候回到洞穴夜宿的猴群。在暮色中，怀抱着小崽的白头叶猴聚集在一起，那场景就和抚育孩子的家长们在小区广场上交谈一样温馨。

白头叶猴从濒临灭绝，恢复到1000多只的种群规模，"土地—人口—白头叶猴"相互依存的生命之网在发挥着力量，这离不开所有人的努力。我也不会忘记崇左弄官生态公园星空下的会客厅，潘文石教授在其著作《熊猫虎子》书名页上为我题写的赠言——

"万物生存皆有权利，但是唯有努力工作才会有希望。"

米埔：千鸟千寻

你是否会想到，一场观鸟比赛，让鸟类的天堂得以保留。这个故事，发生在我国的香港。

香港面积虽小，但位于东亚—澳大利西亚候鸟迁徙路线的中点，加之多样的生态环境和便捷的交通，是全球著名的观鸟胜地，野生鸟类超过560种，约是全中国的三分之一。毗邻深圳福田的米埔自然保护区，依山傍海，是香港最有代表性的鸟类天堂，有过容纳9万只水鸟的峰值记录，但也曾遭遇生存的危机。

20世纪70年代，米埔大量的红树林因修建养殖鱼虾的鱼塘而消失，随后鱼塘又被填平，改建为居民小区或是集装箱货场。长此以往，水鸟在当地将无法落脚，如何保住它们的栖息地？

受到英国乡村观鸟记录（Country Life Record Birdwatch）的参赛队伍为野生动物保护机构筹款的启发，1984年4月7日，首届香港观鸟大赛举行，队伍只有两支——WWF队和中国香港观鸟会队，每队4人，以"为米埔捐十元八块"为口号，向支持者派发捐款表格，为米埔筹款近3万元港币。

一年又一年，WWF组织的观鸟大赛吸引越来越多的境内外专业观鸟者参与，参赛队伍天蒙蒙亮就开始在香港各地寻找野鸟踪影，最后在米埔集结，提交当日的观鸟"战报"，接受评委的审核，同时也把公众对自然的支持汇聚到

米埔的鱼塘有科学的水位管理，为不同种类的水鸟营造多样的生境

了这里，购买米埔的鱼塘。就这样，WWF香港分会渐渐取得米埔的管理权。20世纪90年代初，香港将所有鱼塘交予WWF管理，水鸟的家终于保住了。2008年，香港观鸟大赛举办25周年之时，累计筹款已超过3000万元港币，用于米埔湿地的持续管理。

划为保护区后，米埔没有简单地将鱼塘废弃，传统的养殖运作为水鸟越冬提供了充足的食物：每年10月，渔民会把鱼塘的水放干，捕捞鱼虾，随即到达的南下越冬水鸟正好可以采食余下的小鱼虾。社区的生计，鸟儿的需求，保持了最好的平衡[1]。

----

1 2012年，香港观鸟会在新界西北的鱼塘展开自然保育管理协议试验计划，通过与当地养鱼户合作，在超过600公顷（1公顷＝0.01平方千米）的鱼塘进行生境管理工作，改善及提高鱼塘的生态价值，维持对野生动物的吸引力，特别是提供更多栖息地及食物供水鸟使用。鱼塘也是两栖类、爬行类、哺乳类、昆虫（如蜻蜓、萤火虫等）的繁殖或栖息地，这种有利多样物种繁衍的鱼塘运作方式在生态上有重要价值。管理协议宗旨是令各方面包括人、鸟及其他生物各取所需，达致平衡。（摘编自香港观鸟会官网 www.hkbws.org.hk）

在离开越冬地前，黑脸琵鹭长出金黄色的繁殖羽

　　在漫长的文明进程中，人类远不及今天这样强大，更多扮演着"生物性"的角色，比如人能狩猎，也会被大型食肉动物伤害。工业革命让我们发展为城市化社会经济生物，不再置身自然世界并保持平衡，自那时起，危机就在加剧。尽管如此，在保留传统生产方式的空间里，人类还在与其他生命和谐共处，这为我们在生存危机中探寻可持续发展提供了更踏实的路径。至少，能为朱鹮提供泥鳅、青蛙的稻田，也能产出绿色的大米；迎来水獭、河乌这些生态系统健康指示物种回归的河流，才是可靠的生命源泉；农田、鱼塘的可持续管理，也将为野生动物与人类共享生存空间提供更多的可能。

　　在经济狂飙、生态保护节节败退的年代，米埔的故事激励着和我一样热爱自然的朋友。2008年的春天，我终于有机会身临其境。

　　米埔自然保护区对访客数量有严格限制，我提前一周通过电子邮件向WWF

米埔湿地控制树的高度和密度，避免为猛禽提供更多的制高点，降低水鸟被猎捕的概率

香港分会申请到了参观米埔一日通行证，在访客中心和香港渔农自然护理署设在米埔的管理站登记后，沿着只能容纳两人并排走的小路进入了米埔。

保护区的入口无人看守，只有一扇对开的小木门，高度不及1米，轻轻推开，就是另一个世界。真正的保护地，没必要，也不应消耗更多的资源、占据更多的自然空间来宣示其存在。

小路的一侧是河网，长满了红树林，一直延伸到海湾，路边是齐腰的挺水植物，一阵小雨后，阳光透过树冠，投下斑驳的亮光。起风了，远山上的云层慢慢化开，一只黄腹鹪莺站在芦苇秆上，鸣唱两声后钻进深处。

再往深处走去，密林间突然闪动艳丽的鸟影，是一只雄性黄眉姬鹟，浓艳的黄色格外亮眼。

米埔湿地是黑脸琵鹭的越冬地，这种一度在灭绝边缘徘徊的大鸟在朝鲜半岛和辽宁外海的岛屿上繁殖，迁徙和越冬都依赖亚洲东部滨海湿地。透过芦苇丛的缝隙，我看见几只黑脸琵鹭正埋头在鱼塘里觅食，大勺一样的嘴在颈部的驱动下划来划去，在水中画出一个个"Z"字。有的黑脸琵鹭已经长出金黄麦穗一般的繁殖羽，很快就会北上繁衍后代。大部队在后面——一百多只黑脸琵鹭在鱼塘里整齐地排成两队。它们的腿非常短，一般只在水深不超过20厘米的浅水区觅食，因此保护区每年10月就会把水位降低，腾出足够面积的水鸟食堂；来年4月水鸟离开米埔后，再把水位升高，可以抑制芦苇在春夏过度扩张。为了方便黑脸琵鹭休息，周围堤坝上的野草也在入秋前被割掉。

在亚洲各国的共同努力下，黑脸琵鹭由20世纪90年代初期全球不足300只[1]回升至2020年的4864只，创历史新高，其中米埔所在的后海湾就录得361只。

除了鼎鼎大名的黑脸琵鹭，米埔还为小青脚鹬、勺嘴鹬、黄嘴白鹭、黑嘴鸥等濒危水鸟提供栖息、觅食的场所。这里不仅仅是观鸟爱好者和鸟类研究者的天堂，还是香港中小学生自然教育的野外课堂。

对于观鸟人群，米埔也是一样地友好。"我觉得米埔就是属于我们的地方。"好友一句朴实的话，道出了我喜欢米埔的全部理由。

一个春和景明的早晨，我写下了心中所感，发表后引起了很多朋友的共鸣，大家都希望在居住的城市有一间米埔这样的观鸟屋：

我们想有一间观鸟屋

这是我们梦想的观鸟屋
蜷缩在岸边的一角
外表没有雕琢
喧闹的旅行团根本没有兴致驻足

---

[1] 受调查范围和参与人数的限制，黑脸琵鹭的种群数量在早期很有可能被低估。

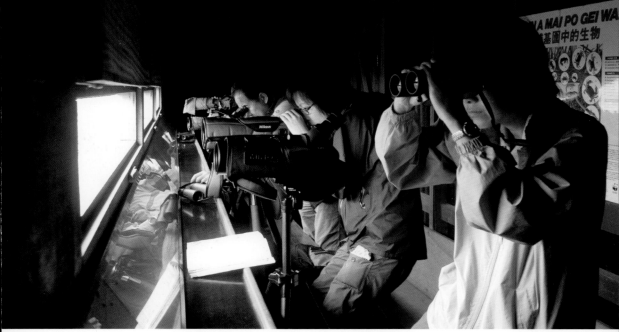

米埔湿地观鸟屋

里面是属于"鸟人"的世界

墙上有鸟类图谱
搁板可以放望远镜和照相机
从日出到日落
我们安安静静坐一天

窗外
没有水泥堤岸困住肆意伸展的生命
琵鹭结队飞向浅滩
针尾鸭在水里倒栽葱
反嘴鹬在泥滩上扫荡

不知不觉走到窗下

它们吃得过瘾

我们看着开心

谁也不打扰谁

走出观鸟屋

没有剃过平头的冬青

没有寂静的人工草坪

杂草里闪动着生机

没有包裹严实的园丁喷洒农药

两只凤蝶彼此炫耀着舞姿

沙土路上松鼠、噪鹛穿梭

没有柏油路割裂家园

它们的日子好过多了

客人来了

带他去自然馆

就是那么不起眼

没有华美空洞的大堂

没有奢华的展陈

一切都是接近自然的模样

不起眼的小水塘

我们也能驻足探索

翠鸟扎进水里捕鱼

在深圳红树林海滨公园觅食的黑脸琵鹭

划过一道蓝光

没有觥筹交错的餐馆
没有奢华的酒店
把物质享受抛到脑后
大自然会给你更多

2019年清明假期，我第五次前往米埔，恰逢香港观鸟会举办比赛，萍水相逢的马嘉慧小姐带队参赛的同时，还非常热情地指点我找到了小滨鹬和长嘴鹬两种心仪已久的稀见水鸟。分别时，她介绍我认识两位正在整理器材的长者，居然是大名鼎鼎的林超英先生、吴祖南博士，他们谦虚地自称"骨灰级鸟友"，其实都是推动香港生态保护和观鸟运动的功勋人物。

日暮时分，成群的黑脸琵鹭落在观鸟屋外的水塘里，理理毛，大嘴互相碰碰。米埔的天空，还和我10多年前初到时一样清朗。向导正带领着一群学生在自然教育中心的小广场上回顾一天的自然记录，纵使这些学生将来不再和鸟类有任何直接的联系，但当他们在中环的写字楼里看到窗外飘过的黑鸢时，或许会想起在米埔的时光是多么美好；如果他们成为主政者，在规划方案中看到米埔、塱原等等地名时，总会在经济、社会和环境之间作出更为平衡的决策。

那天晚上，林超英先生在社交媒体上发布我们的合影并评论说："米埔从未让访客失望，它就是这样值得珍视的财富。"是的，米埔的故事一定会延续下去，每一代人对荒野和鸟类的记忆，都能重叠在同一个米埔。

台湾纪行：山与海之间

　　我国的台湾是座美丽的岛，位于亚欧板块边缘，地势起伏大，垂直气候带分明，物种丰富，仅鸟类就有27个特有种，56个特有亚种。洋流在东海岸的近岸交汇，带来丰富的洄游鱼类，吸引着鲸豚觅食栖息，自然也是观鲸胜地。

观鲸：巡游海上花莲

　　潜鸟、海雀、信天翁、军舰鸟……每次朋友们筹划出海，总会把《中国鸟类野外手册》中的那几页海鸟图谱翻了又翻。海洋那么大、那么广，我们选择的这个时间、这个方位，能和谁相遇？更难企及的是鲸豚，中国有近40种，且不谈野外观赏，即便是专业的研究也大都依托搁浅、死亡的个体。航行在深邃的大海，会有怎样的故事？好奇心只能沿着船舷，在海面上延伸。

　　1997年，台湾第一艘观鲸船从花莲开航。观光客在海上与鲸豚相遇时，也许并不会想到，从20世纪初到90年代，鲸豚的鲜血曾经染红过台湾近海。1913年，日据时期的台湾最先在垦丁开捕鲸豚，此后近70年时断时续，直至1981年，才在各方压力之下结束商业捕鲸史。

　　然而民间的杀戮并未停止。每年春节前后，海豚会在澎湖与嘉义、云林、

中央山脉下的花莲小城

台南之间的水道洄游，渔家在这条水道终点的沙港捕捉海豚，杀死后分食，后又演变为庆典式的游戏活动。直至1990年，民间保护机构"信任地球"拍摄捕杀海豚的纪录片播出，迫使台湾将鲸豚纳入保护动物名录。

如今，花莲已成为最热门的鲸豚观赏目的地，据说遇见率不低于90%，从花莲港出发，两三海里就能看到成群的海豚。就在我抵达花莲前的一周，大村鲸（也称"角岛鲸"，2003年才被命名的新物种）还在花莲七星潭附近出没，抹香鲸也出现过一次！我们能有怎样的收获？实在太期待了！

连日的阴雨在出海的清早暂歇，同行的观光客挤在观鲸船的甲板上谈笑风生，哪知道船一驶出花莲港，浪就一波接着一波涌来。回头看，花莲这座小城在高耸的中央山脉脚下，如同一条多彩的缎带。浓云聚拢在山腰，随时都会下雨。

三三两两的飞鱼时不时钻出水面，引得观光客惊呼。很快纯褐鲣也出现了，

飞旋原海豚

贴着海面飘忽不定地巡航，它的模样实在不起眼，但在大陆也是难得一见的海鸟。

突然，船掉转了方向，加足马力向北驶去，一定是接到了情报！经鲸豚协会认证的船家都遵循鲸豚观赏的基本原则，比如不使用声呐探测设备以减少观赏活动对鲸豚的干扰，完全靠经验和眼力寻找目标，因此海上的情报交流就格外关键。

果然，我们远远地就看到了另一艘观鲸船泊在海面，飞旋原海豚出现了！这种海豚分布于全球的热带海域，在花莲最为常见。我曾在印度洋上颠簸四五个小时才看见一小群，没想到这次出海二十多分钟就遇见了它们——细长的喙、三角形背鳍，暗褐、灰褐和粉白三色的身躯，一眼就能认出。它们你追我赶地在海浪间穿梭着，时不时跃出海面空中转体，激起大家的欢呼，真不愧是飞旋高手。

里氏海豚

　　我们还观察到群体中的新生代，家长伴随在孩子左右，一起露出海面，一起下潜；两只成年海豚肚皮贴着肚皮潜游，这是在孕育新的生命。

　　也许是天性使然，几只飞旋原海豚朝着我们游来，下潜，在船舷边，借着船头浪的推力，隔着薄薄的一层海水与船同行，那身姿活脱脱就是专业游泳运动员刚下水时的动作。它们还会猛地冲出水面，换气时呼吸孔溅起的水花就在眼前开放。寻觅野生动物的踪迹，最感动的时刻，莫过于这样被接纳、信任的瞬间。

　　离开了飞旋原海豚，我们继续航行在太平洋上。

　　谁说福无双至？深蓝的海上，里氏海豚出现了。它们体型足有飞旋原海豚的两倍，大个子的身长近4米，头部浑圆，黑灰色的身体上，经过长年累月的摩擦、碰撞，留下了一道道独一无二的白色纹路，对研究者来说，这是最好的个体辨识标记。与活泼的飞旋原海豚不同，它们游动、换气的动作都舒缓得多。

我们眼前这群足有四五十头，据说弗氏海豚、伪虎鲸等也与它们混群，我四处寻找，可全都是些圆头圆脑的家伙。

"举尾了！大家注意看。"解说员大声提示，几头里氏海豚的尾鳍露出海面，让身体与海面以接近垂直的角度快速下潜，与我们告别。

返航途中，我望着花莲这座小城和背后的中央山脉，向往又踟蹰。不知传说中的中横公路会给这次旅程带来怎样的考验和惊喜。

观鸟：穿越中央山脉

离开花莲的清晨，太阳出来了，"鸟运"也来了。我在酒店附近的荒草地遇见栗腹文鸟，《台湾野鸟手绘图鉴》将该台湾亚种描述为稀少的留鸟。其实，不少曾经生活在大陆的物种，自第四纪以来借助连接台湾岛与大陆的"东山陆桥"进入台湾。因此台湾与大陆的物种既有较高的相似度，又因其特殊的岛屿环境演化出很多特有种及亚种。

接下来的两天，我们将通过横穿中央山脉屏障的中横公路，从东海岸的花莲抵达西海岸的台中。这条公路既是连接两地最便捷的路线，也是大山大海的景观公路，更何况，台湾特有的鸟类，夏季多数分布在沿途的中高海拔山区。台北市野鸟学会的慧群女士非常细致地罗列了一路经过的所有鸟点，每到一处，我们就会想起她那温文尔雅的讲述。

中横公路的起点，也是太鲁阁国家公园的入口。行车在陡峭高耸的峡壁间，有时只能见到一线天，当年开山辟路的艰辛，可想而知。无奈天公不作美，刚进山就下起了雨，我和妻子只能在车里速览美景。

抵达经典鸟点"碧绿神木"时雨越下越大，我们打着伞，在树下呼吸山谷里清新的冷气，拜访走过冰河期在台湾高山里幸存的昆栏树，感慨自然的造化。

继续前行，很快就抵达了关原加油站，这是台湾最高的加油站，海拔2374

在中横公路，我们观察到了大范围的荚状云

米。附近的公路、停车场都是著名的鸟点，台湾的鸟友向我们描绘了一个月前黑长尾雉（也称帝雉）带着幼崽在路边闲逛，可惜的是，也许是雨太大，从中横公路到大雪山，我们都与它们无缘。

这一夜，原本预定火爆的观云山庄只有我和妻子入住。次日早起观鸟，天晴了，清冷的空气迎面扑来，一出门我们就听到了白尾蓝地鸲发出的笛声，一雌一雄在密林里轮番演奏着，长长的音节似乎伴着泉水流淌。

台湾猕猴就在山庄脚下的垃圾里翻找食物。据说它是被猴群赶出来的衰老个体，的确，它的视力已经严重退化，听到我的脚步声后四处张望。

一路行车一路寻鸟，风景在变化，鸟儿也多了起来：

台湾噪鹛也叫玉山噪鹛，台湾特有种，夏季高海拔山区常见，它有个很直观的俗称——金翼白眉。我在针叶林里听到它们婉转的哨音，循声寻觅，一只又一只，数量可观。当年出生的幼鸟已经会飞了，正在树枝上嗷嗷待哺，成鸟

玉山噪鹛

自然是忙忙碌碌，四处找虫，毫不惧怕人类。有一只甚至一跳一跳地蹦到我镜头前，最后我只好用100毫米的焦段拍摄。它还戴着紫色、橙色的脚环，对研究者来说，这就是它的身份证。

过了合欢山北峰的登山口，我开始留意寻找台湾酒红朱雀。在小风口停车场，妻子一眼看到它们飞过头顶："快看，落在灌丛里了！"我手忙脚乱地用望远镜寻找，原来还是一对夫妻。雄鸟有着令人惊艳的酒红色，短粗的白眉在灌丛中十分惹眼；雌鸟暗棕色，一如其他朱雀的雌性，朴实低调。

台湾林鸲，台湾特有种。据说这家伙在高海拔地区最为常见，喜欢在路边筑巢。我在松雪楼的花池见到它时，正值中午，顶光拍出的鸟儿总是不好看，心想机会还多，没再跟踪拍摄。不料此后连续下雨，直到我离开台湾也没再见到它。眼前的人和事，都要多加珍惜才是。

一路上总看到烟腹毛脚燕在山谷间急速飞行，不管是雨雾还是大风都无所

台湾酒红朱雀

畏惧。我在松雪楼的屋檐下发现一对。它们和同伴时不时地飞到崖壁上衔取泥土。蓝黑色的外衣散发出幽幽的金属光泽，眼睛也是炯炯有神。

观鸟的另一种乐趣在于交流。我和妻子在松雪楼观鸟时，一位拍鸟的中年女士听说我们还在犹豫要不要登上合欢山东峰，激动地劝说我们一定要爬上去观赏玉山杜鹃——即便是台湾本地的自然爱好者，也挺难如愿，不是有雨雾，就是花期错过。于是，我们跟着浩浩荡荡的登山队伍向上爬，起初真想放弃，但看到前方全是老年人，这样退缩实在难堪。峰顶果然无限风光，连片的玉山杜鹃在云雾中若隐若现。脚下的中横公路，宛如碧玉上的一条白丝线。

告别了合欢山东峰，我们继续前行。天色很快暗了下来。经过中横公路最高点武岭时，雾气贴着路面袭来。原本视野极佳的观景平台，被云雾包裹。我们决定夜宿清境农场。在一间茶行开设的民宿品尝着红乌龙茶，欣赏着窗外的山与水，旅途中的惬意莫过于此。

玉山杜鹃

　　清晨在清境农场的观景台，一览群峰秀美。云层越压越低，时不时挤下雨滴。我和妻子抓紧时间观鸟，国民宾馆背后的茶园步道真是我们的福地：六七只褐灰雀站在电线上，眼下弧形的白斑是这种不常见的灰雀在野外的典型识别特征。我很喜欢灰雀这类鸟儿，肥嘟嘟的，嘴很厚实，我曾在秦岭的雪地里见过大群的灰头灰雀，雄鸟红彤彤的肚子活像是一个个灯笼。

　　白耳奇鹛，台湾特有种，也是此行的目标。遇到这样雅致的鸟儿，总是舍不得放手，生怕看到它的时间太短暂，错过了美妙的细节。白色的"寿眉"和橙棕色的羽色似乎是最经典的搭配，叫声也很有特点，"飞——飞——飞——回"。

　　我们再走进成片的茶园，是竹鸡和噪鹛的领地。"地——主——婆，地——主——婆"的叫声传来，三只台湾竹鸡在路边的灌丛现身，察觉到我们后，它们真沉得住气，算不上灵巧的身子轻轻地挪动，钻过围栏后嗖地不见了。围着

白耳奇鹛

茶园转了一圈儿回到原地。台湾画眉出现了，体型比大陆的画眉更纤细些，歌声也是同样优美。

离开农场时，雨又下了起来，高山观鸟之旅在这里毫无预兆地画上了句号。但对宝岛的牵挂，似乎才刚刚开始。一年年过去了，回忆起台湾之行，我总会想起一路上给我们热情帮助的朋友，还有飞机降落时播放的民谣《雨夜花》，舷窗外淡淡的云层之下，台北的灯光像是星星的海，我仿佛在海上漂泊。

听！粉红伙伴的呼吸

我喜欢蛙泳，不图速度，不求距离，一边游，一边海阔天空地胡思乱想。我甚至会想象自己是座头鲸，借着惯性在水下"滑行"一会儿，再慢慢地抬头换气，身在大海，心无旁骛。而游泳运动员，自然就是如海豚一般敏捷。

如果您有过观察鲸豚的野外经验，大抵不会觉得我这是在说梦话。

2007年12月，我读到南京师范大学周开亚教授研究团队发表在《新西兰动物学报》的一篇关于雷州湾中华白海豚的论文，顿时心潮澎湃：原来中国近海就有海豚！我决定去找找看。

18世纪50年代，跟随瑞典东印度公司商船来到中国的牧师彼得·奥斯贝克（Peter Osbeck）在《中国和东印度群岛旅行记》这本书中描写了中国沿岸的中华白海豚："1751年12月27日，在中国广州附近的一个河口，看到了一头雪白色的海豚从我乘坐的船边游过，从我所处的距离判断，除了体色白，其他与普通海豚相当。"其实，中华白海豚的分布并不局限在中国，印度洋和西太平洋沿岸都有一定数量的种群。由于中华白海豚分布在近海岸，很容易受到水污染、航运、渔业、近岸工程等人类活动的影响，生存状况面临巨大的威胁。

那是我第一次专门为了观察野生动物远行，辗转打了一圈电话，雷州市海洋与渔业局陈荣毅先生在电话里答应协助我完成此行，而我们此前素昧平生。

雷州湾渔民

我反复看着地图，不知在大陆最南端的雷州半岛，会有怎样的经历。

从南京飞广州，坐长途大巴到湛江，再转车到雷州，我与陈荣毅会合时已经是深夜。南国没有冬天，小旅馆的窗外夜市嘈杂，我和陈荣毅在地图上分析论文提及的区域。能看到中华白海豚吗？他也从未见过，我心里更没有底。

红土、椰树、红树林。刚有渔船在码头靠岸，新捕捞上来的大乌贼，呼呼地喘着粗气；还有花蟹，很美。

带我们出海的船老大就在海上长大，一头白发，我顿时觉得很踏实。开船的师傅很热心，他说："你一定能看到，我们小时候太多了，现在也有。"那时的我，完全没有海上观察的经验，总是把浅滩上的白浪误识为海豚。

过了约四十分钟，中华白海豚真的出现了，最先是一头，全身是白的，我知道它年纪大了，喜欢独行。

接下来的发现让我兴奋不已，三头，不对，是五头，还有灰黑的幼崽夹在

2007 年 12 月用胶片拍摄的中华白海豚，这也是雷州之行唯一可以勉强算作记录照的中华白海豚影像。野外团队研究中华白海豚，也离不开照相机。通过拍摄它们的身体外形特征以及疤痕、色斑，识别出不同的个体。还要尽量拍摄到海豚身体的两侧，避免重复统计

"大人"们中间，我听到了它们的呼吸。它们东躲西藏，一会儿在左，消失片刻，一会儿又出现在船右侧的远方。

小海豚出生后就必须学会呼吸，但它的体力还不够强，一到游不动的时候，妈妈和周围的海豚都会过来帮忙，轮流用头顶一顶。有的小家伙体质较差，它们甚至潜下去把它驮在背上，带一段路。中华白海豚的群体很不固定，有的海豚即便只是路过，发现同类有困难，也会上来帮一把。

好奇的小海豚靠近渔船，妈妈看见了立刻游过来，把少不更事的宝宝赶走，更多的时候，妈妈总会游在渔船和小海豚之间，用身体保护小生命。扶老携幼是动物的天性，我在西双版纳遇到亚洲象时，林柳博士就指出了象群的习俗：小象总是夹在群体的中间，象群离开河谷时，往往会有一头成年大象停下脚步，直到最后一位成员钻进了森林，它才会跟上前去。

中华白海豚出生第一年的死亡率会超过20%。"小海豚死了以后，家长们都

中华白海豚

不放弃，不停地用头把它顶到水面上，尸体都干了也不放弃，我们看了都很感动。"船老大说。

海上拍照的难度很大，渔船随波起起落落，我用借来的35mm—350mm变焦镜头跟踪它们，一会儿就觉得头昏。换胶卷的时候手在发抖，生怕错过了最好的瞬间。

在温煦的雷州湾，我与中华白海豚相见，此后一直默默牵挂着这种近岸分布的粉红伙伴。从福建到广东沿海，一听说哪里要建深水港口或炼油项目，我心里总会紧一下：中华白海豚往往在水深不超过20米的近海活动，近海的污染、爆破、捕鱼都会影响到它们的安危。

2016年的元旦假期，我和妻子及好友俊松来到三娘湾，北京大学潘文石教授团队自2004年开始研究这里的中华白海豚。

三娘湾位于距离钦州城区40多公里的犀牛脚镇，当地的"中国—马来西亚钦州产业园区"还在大规模建设，渣土车扬起的粉尘铺天盖地，我们立马关紧车窗。临近三娘湾时，景观迅速切换，幽静的公路绿树成荫，傍晚时分潮水退去，渔船在沙滩上停驻，与我们接洽的小黄师傅就是当地人，穿着拖鞋骑着摩托赶来与我们接头。"这两天都看到大群的白海豚了，你们运气不会差的。"他很自信地说。

次日，海边渔家星星点点亮着灯，天边隐隐露出白光，苏轼笔下"东方之既白"就是这般景象吧。云层贴着海面，等我忽地看到日出时，太阳已经升高。

这个温暖的冬天让我感到一丝恐惧，我告诉同行的伙伴俊松，9年前的元旦假期我从雷州出海时穿着冲锋衣和抓绒衣，而这次我只穿了T恤和速干衬衣。

我们乘坐快艇出发，航行几分钟后，远远看到了贴着海面飞的水鸟，颈部很长，两翼舒展。"这里野海鸭很多！"船老大说。我快速连拍，莫非是某种潜鸟？可惜距离太远无法认清，我还没回过神来，同伴们惊呼，中华白海豚出

三娘湾渔村

现了!

　　它正在捕食,粉白的身体在海面上跃动时很是亮眼,船老大很有经验,迅速降低航行速度,慢慢靠近。暖暖的朝阳里,这只白海豚在海上肆意地巡游捕食,身后的渔村也开始喧闹起来。

　　很快又有一头暗灰色的中华白海豚现身,这是年轻的个体,行动更为敏捷,我们丝毫没有办法摸清海豚在捕食时的行动轨迹,它潜入水后就没了踪迹,时隔许久又在很远处现身。红嘴鸥很会共享资源,海豚把鱼群搅动得四处逃窜时,它们就悬在空中伺机出手。

　　拍摄的难度比打地鼠游戏难多了——中华白海豚的长嘴(术语为"吻突")露出水面后迅速下潜,我们发现目标再对上焦时,往往只能拍到背鳍或尾叶。此时俊松装在相机热靴上的红点瞄准器无疑是拍摄的利器,它的视野比相机取景器开阔许多,像是在"狙击",一阵连拍,我看着都觉得过瘾。

成年个体为白色，常由于充血而透出粉红色

　　在船老大的提议下，我们去河口海域寻找大群的中华白海豚，有意思的是，每当掉转船头时，它俩总会在海边出现，不知是想挽留我们，还是想开个玩笑。

　　快艇提速向大风江河口进发，那里淡水和海水交汇，盐度适中，鱼类品种丰富、数量多，自然也是中华白海豚频繁出没的地方。

　　"三四十年前，三娘湾的白海豚很容易见，我们经常在岸上就能看到。"船老大一边搜寻目标，一边和我们攀谈。三娘湾的中华白海豚主要猎食斑鱼、青鳞鱼，还有凤鲚、银鲳等当地主要经济鱼类，有时就跟着渔船捕食，和渔民自然成了竞争对手。过去大家没有保护意识，一看到海豚来了就用石头、棍棒驱赶，现在保护力度大了，渔民即便是误捕也会受到重罚。

　　一大群！快艇刚抵达河口海域，海豚就集体现身了，足有七八头。看得出它们是在前行，总是三三两两地集体出水，扑哧！扑哧！胆子大的家伙对我们一点儿提防心都没有，有时还朝着快艇迎面游来，眼看着就要撞上来时，它又一头扎入深水，过上一分多钟才会神秘地出现在远处。

我们的快艇就一直与中华白海豚们保持距离，像两条平行线一样在海面上延伸着。如今，约有160头中华白海豚生活在三娘湾，六成以上都是青年个体，每年都有灰黑色的小海豚诞生。这是个充满活力的群体。

我们到访时，三娘湾西邻的钦州湾沿岸建设了炼油厂、造纸厂等，靠近三娘湾大庙墩的钦州湾海域也在大规模地填海造陆，这可能导致三娘湾西邻海域海底环境、水文、鱼类资源分布等发生改变。有学者通过跟踪研究进行推测，三娘湾的中华白海豚种群正在向三娘湾东侧和南侧迁移，寻找更适宜的栖息地。但愿这仅仅是推测，不会被历史证明。

相见时难别亦难。我们踏上归程时，几头中华白海豚又来到我们面前。心里默默许愿，愿这些粉红伙伴永远自由。

高黎贡，白眉侠

在动物园，我最期待晨昏时分长臂猿明快的歌声，总是一只领唱，其余三五只次第响应，最后汇成大合唱。这样的咏叹调，曾经在中国南方的森林里流转不息，"两岸猿声啼不住"就是最好的注解。

"那里的天不高，高的是树，轻轻跃上枝头，长臂轻舒，就能摘下一片云来"，当我读到这样的诗句，就会想起在高黎贡山桃花源般的森林间，亲眼看见高黎贡白眉长臂猿在高大的乔木间毫无拘束地游荡，享受嫩叶和果实。

绝境中的人类近亲

长臂猿不是猴子，没有尾巴，身材苗条，行动敏捷，是和人类亲缘关系最近的一类灵长目动物。中国有 6 种长臂猿，包括高黎贡白眉长臂猿[1]、西黑冠长臂猿、东黑冠长臂猿、海南长臂猿、北白颊长臂猿和白掌长臂猿。李白乘一叶

---

1 高黎贡白眉长臂猿是唯一一种由中国科学家命名的类人猿，曾被认为是东白眉长臂猿，2017年被范朋飞等命名，也称天行长臂猿，现存不到 200 只，且多数被隔离在多个相互不连通的森林板块中，身处近亲繁殖的困境，前景渺茫。有学者称此类分布在破碎生境中的物种为"活着的死物种"。

长臂猿可以通过复杂的歌声交流，这可能与人类的唱歌有着相同的遗传起源

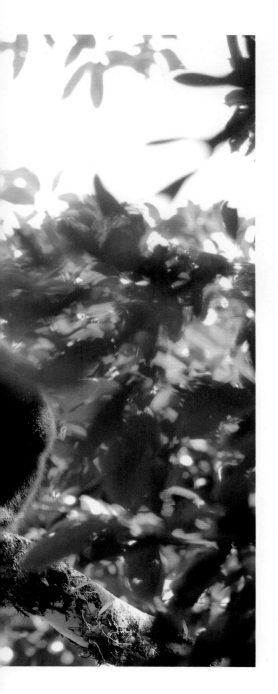

扁舟就能遇见长臂猿，可如今它们因栖息地的丧失、破碎、退化以及捕猎、非法贸易等人类活动的影响，都处在濒危的境地，中国境内只在云南、广西、海南的山林里残存，北白颊长臂猿和白掌长臂猿可能已在中国灭绝，其余四种的野外种群总数也还不到1500只，比大熊猫的数量还要少。

2012年的最后几天，我来到向往已久的高黎贡山。

亚欧大陆和印度大陆的碰撞诞生了高黎贡山，它与青藏高原相邻，连接亚洲大陆中部和南部，大陆性气候与海洋性气候在这里交汇，是生物南北迁移扩散过渡的走廊。也正是这独特的自然生态系统让高黎贡山成为长臂猿的庇护所。除了天时地利，人和的因素扮演着越来越重要的角色——当地傣族和傈僳族山民，有崇拜、保护长臂猿的传统习俗；如今，更有一代代保护工作者的接力。

自然公园寻"猿分"

新保腾公路进入高黎贡山段后，海拔一路飙升，盘山公路两侧的风景越发迷人，此时的中国多半还在寒冬中，而这里却生

高黎贡山的清晨

机盎然，马缨花都快开尽，不消几日大树杜鹃就要怒放。

当海拔攀升到2100多米时，高黎贡山自然公园到了。暖风夹着尘土拂过，一群凤鹛在灌木枝头上呼朋引伴。呼吸着温暖新鲜的空气，望着茂密的原始森林，我默默地想，此行不知"猿分"如何？高黎贡山正值最宜人的旱季，又没有蚂蟥、蚊虫的干扰，是寻找长臂猿、观赏鸟类最好的季节。

运气和向导，一个都不能少。杨作程在山里长大，这两年在保护区下辖的自然公园工作。除了完成巡护等日常工作，他还要带领爱好自然的游客在公园里寻找观察最有代表性的动植物，也因此对高黎贡山有了更接地气的认识。

自然公园一带常年有高黎贡白眉长臂猿出没，10多年的跟踪研究，让它们习惯了人类的出现，否则即便在野外看到，也只能是匆匆一瞥。可喜的是，就在我们到访前的半个月，又一只小猿出生了！杨作程告诉我，11月雨季结束，巡护中发现母猿的肚子越来越鼓，往下坠，分娩那天公猿和儿子丁丁玩闹，母猿单独坐在大树的高处，不声不响地把小崽生了，前后也就十来分钟。这可是天大的喜讯，要知道，长臂猿长到七八岁才成年，雌性长臂猿3—5年才生一胎。

　　对了，这里还有一只单身的母猿，名字很凄凉，叫"孤雌"，它大概有20岁了，可能是前一只母猿的表妹，在这片孤岛般的森林里，也许永远也等不到心仪的男士。在巡护员眼里，孤雌的表情很丰富，做什么动作幅度都很大，给人感觉是在自娱自乐打发时间，或许是太寂寞，它总会在丁丁一家出没的区域附近活动，却总被这一家的父母驱赶。

2012 年末我到访高黎贡山时，一只幼崽刚刚出生

顺藤摸瓜循猿声

山里的早晨总会来得迟些。早8点，阳光才刚刚穿过云层，斜射进怒江干热河谷，一重重山峰层次越发分明，小杨带着我们向密林进发。尽管是旱季，林间蕨类植物依然繁茂，它们是自然环境的指示剂，一旦环境遭到破坏，蕨类植物往往最先消失。游道就要分岔了，偌大的森林，寻找长臂猿，向左走还是向右走？小杨提醒我们静静地等一会儿，听清鸣叫传来的方向很关键。

高黎贡白眉长臂猿会在晴朗的早晨鸣唱，这是在宣示领地，也是夫妻间的对唱，往往是雌性唱完上句，雄性接下句，不仅旋律优美，"歌词"还和人类的语言一样，有特定的含义。长臂猿野外调查也是这样顺藤摸瓜，它们嘹亮的鸣叫声可以传播到2至3公里以外，而且每种长臂猿的叫声均不相同。科研人员调查的时候，就需要在山林间寻找一个制高点作为"听点"，并于天亮之前就赶到，进行监听。一般来说，它们每天鸣叫的概率是50%，为保证结果的可靠性，一般每个可能有长臂猿分布的地点都连续监听4天，如果一直听不到长臂猿的叫声，又看不到它们的活动，就说明此地有长臂猿分布的可能性非常小。

自然公园一带的长臂猿一般在9点到10点间鸣唱，顺着声音传来的方向追踪，胜算大些。小杨说："有时也要看运气，有一次长臂猿被一群熊猴欺负了，两三天都没有叫，还有的客人在公园待了三四天都没找到长臂猿，可前脚走，长臂猿就在路边冒出来了。"一切都充满不确定性，这也正是观赏野生动物的魅力所在，你不知道何时能有大自然的馈赠。

他话音刚落，山谷间传来"哦——哦——"，有些沉闷，是孤雌！

树梢上的纵横腾挪

密林深处，踩在松软的腐殖质土壤上，腿脚总是使不上劲儿，此时才发现

单身的雌性长臂猿"孤雌"

登山鞋没有用武之地，软底的解放鞋最适合。小杨很快爬到山沟对面，我们呼哧呼哧喘着粗气赶到时，孤雌已经蜻蜓点水般越过几棵大树，不见了——长臂猿只能通过树冠层移动，也只有连片的高大乔木，能让它们世代生存。

哪几棵树它们用来睡觉，哪个季节它们吃哪种果子，小杨心里都有一本账，我们朝着孤雌常去觅食的大树走去。果实、嫩叶、花朵、昆虫，都是长臂猿的美食，当然它们最爱的是成熟的果实。因为活动范围大，长臂猿在森林里是非常高效的种子传播者。长臂猿极少下地活动，更没有人见过它们饮水。不敢想象，如果原始森林被破坏，它们的命运会怎样。

和熊猴风卷残云般掠夺果实不同，高黎贡白眉长臂猿很是优雅：一颗一颗摘，红的一颗，黑的一颗，一点儿也不急，也不浪费，不像熊猴，扫荡后满地的果子和树枝。它们也会采食少量的药用植物，比如，山橙可以杀死寄生虫，买麻藤可以抵抗炎症，润楠则能防止神经毒素的侵害。只有健康、完整的森林

大多数情况下长臂猿通过双臂在树冠层"臂行"

长臂猿的主要食物是成熟的果实，还有树叶、花和昆虫

生态系统，才可能在一年四季都为它们提供多样的食物。

又翻过一个山谷，透过大树的缝隙，我终于看到！孤雌伸出棕灰色的长臂，身子一荡，另一只手臂抓上了旁边的大树，钻进了树冠，灵巧的身影如同身怀绝技的侠客。没等我回过神来，它坐上了一棵华南蓝果树，露出大半个身子，凸起的额头让白色的眼眉更为明显。还没等我回过神来，这家伙转身钻进密林中，一阵阵树枝摇曳，又没了踪影。

好运接踵而至，在长臂猿家庭经常出没的山谷，我们终于在黄昏时分守候到了丁丁。它先在树顶上冒出脑袋，四下张望着，标志性的白眉还没有完全舒展开。老爸追了过来，拉扯着它躺在横枝上。妈妈看上去很疲惫，毛色黯淡，远不及丈夫那样油亮，蜷着腿小心翼翼地攀缘到另一棵树上，原来毛发灰白的小崽就扒在它的肚子上，不得不用腿托着。在接下来的两年里，妈妈要教它选择栖息地、寻找辨别食物、躲避危险等本领。长臂猿是人类的近亲，科学家对它们行为、社会结构的研究，其实也是了解人类自身的一把钥匙。

天色渐暗，最后一线阳光照进山谷，母猿仰面躺在大树的最高处，一动不动，生怕怠慢了怀里的宝贝。丁丁之前一直和妈妈睡，自从家里有了新成员，它就和爸爸搬到另一棵树上休息，爷儿俩搂在一起，互相理理毛，还时不时抬头看看我们。树下，灰喉山椒鸟夫妇，一红一黄，你追我赶。一群橙腹叶鹎飞过，绿色的身影在昏黄的阳光下更闪亮。

我躺在草丛中，山间暖风穿过。多么希望此刻的和美，能在高黎贡山永续。

幼崽在一岁半以前，会在妈妈怀里活动。两岁时逐渐变成黑色，七八岁时如果是雄性将保持黑色，雌性将逐渐变成棕黄色

草果种植是村民重要的经济来源，当地有溪流的山谷里大面积种植了草果，一些小树因此被清除，长期来看，森林正常的演替可能会受到很大影响。另外，烘干草果需要大量的薪柴，这也增加了环境的压力

云南之南：
动物王国的哀伤与希望

在我儿时的印象中，西双版纳就是动物王国，大象、孔雀、老虎、猴子在原始森林里快乐地生活。2008年春，我第一次到云南就直奔西双版纳，结果大失所望。绿孔雀仅剩下传说，没有确切的记录；印支虎在边境地区只有一条红外触发相机的记录，次年又死在村民的猎枪下；猴子倒是看到了，一只豚尾猴被关在铁笼里，成为宠物，在这之前险些被取出脑组织当作下酒菜。从西双版纳州府景洪到勐腊县的路上，连片的山头被砍秃，种上橡胶树。

唯一安慰我的是大象，在河谷里看得真切，彼时的情景和我收藏的亚洲象邮票丝毫不差，茂盛的森林一片浓绿，灰色的象群安安静静地在河谷里觅食、栖息。跟着北京师范大学张立教授研究团队寻找亚洲象的过程中，我还体验了观鸟的乐趣，蓝耳拟啄木鸟、和平鸟、蛇雕成为个人观鸟记录里的初始积累，现在回想，实在太奢华了。

10多年后，当我在云南西部的盈江观鸟时，生态保护已经成为时代的命题，观鸟也从小众爱好扩展为更多公众的生活方式，这些美丽的鸟儿，也给世代比邻而居的当地人带来了新的可能。

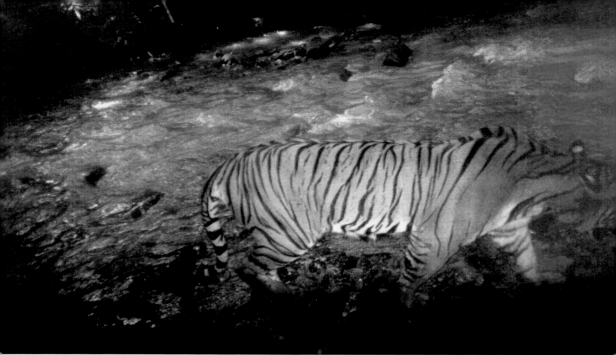

2007 年 5 月 13 日，一只印支虎被红外相机记录到（冯利民 提供）

老虎照片诞生记

2007年5月13日中午，云南西双版纳，位于中国和老挝边境的尚勇自然保护区，阳光穿过茂密的原始森林，照在湍急的水面上，一只印支虎优雅地走在河谷间，强大的力量、火焰般的华美集于一身，在幽暗中更显姿色。架设在岸边大树上的红外触发相机记录下它的侧面像。一个月后，这张图片出现在中国政府参加《濒危野生动植物种国际贸易公约》（CITES）缔约国大会的报告中。

我在尚勇保护区见到了这种特殊的相机：长方形的相机只有两个小窗暴露，表面没有任何按钮，外壳如同树皮一般，打开后看到，内部是普通相机上加装了一个红外线感受器，当相机前有热量和光线的变化时，感受器会产生脉冲信号，触发照相机拍摄一张照片。因此，这是记录温血的兽类和鸟类的有效方法。对那些平时不容易直接观察的动物——如非常敏感和夜行的动物——而言，这几乎是目前唯一的记录方法。

2005年，北京师范大学生命科学学院生态学研究所的博士研究生冯利民带

红外触发相机

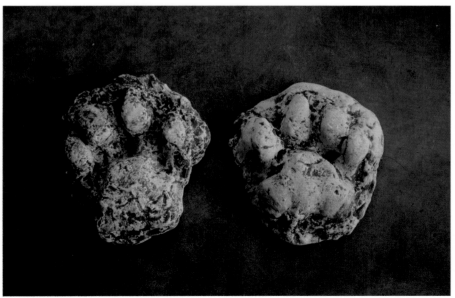

印支虎掌印

着导师张立从美国购买的20台红外触发相机来到南滚河国家级自然保护区。半年时间里，他用架设在野外的20台相机陆续拍摄到了云豹、北豚尾猴、亚洲象和水鹿等大量野生动物，不少是中国首次在野外拍摄到的物种。2006年，南滚河又传来村民饲养的牛被动物杀死的消息，国境线外3公里处一只印支虎又被偷猎者射杀。

若不是红外相机丢失严重，他们有可能早就拍到印支虎照片了——如果频繁地去取胶卷可能会打扰野生动物，影响野外监测。但时间一长难免会拍到偷猎分子，相机会被拍摄时的闪光暴露，被盗猎者取走。

由于在南滚河保护区暂时没能找到老虎，冯利民带着剩余的12台红外相机回到西双版纳。此前，他曾在当地进行了两年多的亚洲象生态学野外研究，2004年在尚勇的丛林中发现老虎的足迹。2006年，尚勇保护区管理所工作人员再次发现老虎脚印！这些发现意外又在情理之中：当地历史上就有印支虎分布，昆明动物园饲养的老虎中就有来自尚勇的个体。

更为关键的是，尚勇有着完整而健康的生态系统，红外相机记录到的捕食者有大型的虎、豹，中型的云豹，小型的黄喉貂、豹猫、斑林狸、椰子狸、食蟹獴等；草食动物有大型的亚洲象、印度野牛、水鹿、鬣羚，中小体型的野猪、赤麂、鼷鹿等。

其中最为关键的是水鹿。老虎捕食成功率非常低，体力消耗大，捕食麂子这样体重仅在20公斤左右的小型食草动物非常不划算，因此如果一个地区只剩小型食草动物，就很难维持一个可持续的老虎种群。成年水鹿的体重超过了80公斤，一次捕猎能解决约一周的食物，是老虎最理想的猎物种类。因此一个地区水鹿的数量直接决定了老虎的数量。

2006年9月，西双版纳的雨季结束后，冯利民将相机架设在野生动物经常行进的"兽道"上，特别是发现过老虎痕迹的地方。另外，很多野生动物会经常光顾固定的水源地和硝塘[1]，摄取水分和盐分。有经验的野外工作者还能通过兽类的足迹和尿液来判断是不是老虎：为了强化领地范围，虎、豹等大型猫科动物会时常光顾领地的外缘，用尿液、挂爪印和刨痕宣示势力范围，专家还能分清尿痕的主人，一般来说虎比豹尿得要高些，而豹的尿液甘油三酯含量更高，相比之下就更加难闻。

2007 年 5 月，这张野生印支虎影像终于在西双版纳一家彩扩店露面，随即引起轰动，美国《科学》杂志也公布了中国首次拍到印支虎活体照片的消息。

一张真实的野生动物照片，除了画面中细节经得起推敲，背后还有扎实的野外调查数据。遗憾的是，这张照片中的主角远没有同年陕西省林业厅公布的"周老虎"[2]名气大。十多年过去了，发生在陕西的造假事件渐渐被人淡忘，但生态保护领域挑战常识的假新闻依然层出不穷。

千亩田百万象

在澜沧江流经的森林中寻找亚洲象是版纳之行的最大期待——在傣语中，这条河意为"百万大象繁衍的河流"。

西双版纳勐养自然保护区面积约 997 平方公里，据当年的监测数据，在该区域三岔河一带约有 46 头野象分布，包括 7 个家庭共 38 头和另外 8 头单独活动的成年雄象。

林柳博士带着我在路边旅舍住了下来，这是他在野外工作的大本营，生活

---

1 硝塘是天然形成的泥潭，富含矿物质，食草动物很难在植物中获取身体必需的足够矿物质，所以会定期地来到硝塘舔食补充。

2 2007 年 10 月陕西省林业厅宣布陕西秦岭发现华南虎，并公布据称为安康市镇坪县周正龙当月拍摄到的华南虎照片，该照片的真实性随即引起广泛质疑。经查证，周正龙用老虎画拍摄假虎照，用木质虎爪模具在雪地捺印假虎爪，以此骗取奖金。

西双版纳州勐腊县大龙哈村傣族山寨

成本很低，一晚的住宿10元，餐费10元。最难忘的是杂菜汤，房前屋后的野菜摘来，开水一煮就是美味，热带地区物产丰富，人也就有资本慵懒一些。

我跟着林柳沿着思小公路遇见象粪无数，可就是不见动静。但成堆的象粪里也有学问。其中一堆都是竹纤维，是因为这一带竹林很多。

他又从粪便上掰了一小块让我闻，只有泥土的清香，别无异味。表面干燥，推测是一周前留下的痕迹。

我们顺着象粪下到河岸，果然有大片倒伏的植物，"它们在这儿觅食、饮水，你看冬叶和竹子都被野象扯断吃了。"一路走过，野象留下的足印、粪便不断，但都被他判断为数天前的痕迹，途中一位老乡说，这附近一周来都没有听到野象的叫声，我顿时心灰意冷。

"今天能看到大象吗？"明知这个问题幼稚，我还是不停地问，林柳则静静地观鸟，时不时地教我通过声音辨识鸟类：哨音，这是蓝耳拟啄木鸟；响亮的

临近泼水节，傣族村民聚在一起制作糯米粑粑

升调如流水一般，是和平鸟。

天色渐暗，我又失望又困顿，背负的摄影器材越发沉重。突然，一声嘶鸣穿透山谷，"野象！"林柳喊道。我下意识地躲在他身后，行前林柳嘱咐我买人身意外险，居然忘记了。

我们几乎是挪动着前行，好不容易绕过一个弯道，路旁泥地中多出不少野象的足印，其中积水混浊——说明这是新鲜的足印。骑摩托车的老乡说，有群野象就在前方河谷中。

林柳反而长舒一口气：最危险的是单独活动的雄象，它无声无息地，如果觉察到危险会不顾一切地冲上来紧追不舍。群象呢，由于家长要保护小象，往往只是恐吓一下企图靠近的人。

混浊的泥水表明这是较为新鲜的大象足印

亚洲象为社会性动物，群居为主

透过树林，我看到一群野象就在河边，一只刚从河中起身，目光中充满警惕，林柳博士催我："快跑，它们可能要上公路了，我们赶紧后撤！"

约莫过了10分钟，还是没有任何动静，象群似乎在与我们对峙。

密林中又有了动静，林间，一根长鼻子正在向前沿着河岸移动，左转转，右转转，长期在茂密的森林中生活，视觉远没有嗅觉靠谱。它是探路者，看样子象群不准备上路了。

象群的头领在河谷空地上停下了脚步，等待其他成员跟上脚步，终于看清了，整整8头。

除了6头属于课题组命名的"然然家族"外，还有一对母子象——最小的家庭单位，它们是这个队伍的临时成员，这让林柳有些意外。

一头少年象跟着成年母象来到河边，它的鼻子还未发育完全，前腿向前弯，后腿往后一撇，降低了身高汲水，不一会儿还把鼻子伸入母象口中试探。"它要了解家长吃了什么，喝了什么，是交流学习的一种方式，成年野象之间也这样。"林柳说。

在象群中，幼崽总会居于相对安全的中心位置

　　在不远处另一头母象腹下，我们惊喜地观察到两头更矮小的野象，用长焦镜头观察，它的额头上还有明显的"长鬃毛"，估计不到半岁，原来这群象足有10头之多。

　　很快，它们侧身躺在了家长的腹下，小崽体力很有限，要时不时地睡一会儿，据说它们的睡眠时间很短，有时只有几分钟就被家长唤醒，再继续前行。

　　没多久，所有的成员聚拢起来，围成一圈儿，头抵着头，不知道在"嘀咕"什么，直到散开。

　　它们要离开河谷。真有趣，象走路居然是"顺拐"，后足甚至刚好落在前足的足印上，这对生手来说迷惑性很大，难道是长着大脚的两条腿动物？

　　象群的行进速度越来越快，在密林中逐个儿"隐身"，但一头"断后象"却停了下来，面向公路观察一会儿后吃起了竹子，有时还把屁股对着我们。

　　晚7时，负责断后的野象走进密林，从我们的视线中消失。

离开版纳后不久，噩耗传来，一户经营小卖部的村民在象群经过时过于草率，不幸被大象踩踏致死。此后的十多年，亚洲象的数量在增加，但它们世世代代生息的家园已被破坏，它们需要新的生存空间，但同处一片蓝天下的人类社区，人口也在增长，经济也要发展，人象冲突[1]愈演愈烈。在绿色发展的新思维之下，长年积累的生态旧账还得用更大的智慧和勇气去直面。

犀鸟的天空

在亚洲，如果要给热带的天空选一位代言人，犀鸟当仁不让。它们招摇地在树冠间穿梭，振翅的声响如同鼓风机，叫声沙哑刺耳，这一切都在昭示着雨林的生命力。中国虽然地处热带边缘，但也有 5 种犀鸟的记录，分别是花冠皱盔鸟、双角犀鸟、冠斑犀鸟、棕颈犀鸟、白喉犀鸟，前四种在云南盈江都有稳定确切的记录。

盈江最高海拔超过 3400 米，最低海拔为 210 米，集北热带、亚热带和温带气候于一县，野生鸟类超过 600 种，是中国鸟种最多的县。想象一下，追着鸟浪[2]一不小心穿过了中缅界河，或是目击一只罕见的猛隼捕获了一只仅有极少影像记录的长尾鹦雀，那是怎样的感受？"鸟人"不去盈江，实在说不过去。

2017 年国庆节，我和妻子飞抵腾冲后直奔盈江，跟随盈江观鸟协会曾祥乐开始为期 6 天的观鸟探索。犀鸟无疑是旅途中的重头戏。

清晨的洪崩河谷，山头的雾气在朝阳的映衬下，暖暖的像一团合欢花。我们边走边看，猛隼、红腿小隼、古铜色卷尾、大灰啄木鸟、大盘尾次第出现，

---

1 人象冲突有房屋、农田、鱼塘被破坏，甘蔗、玉米等作物被采食，有象活动的茶园、果园无法采摘，等等；人身安全事故更为惨烈，据媒体报道，仅 2019 年就有 12 人在人象冲突中死亡。监测表明，经历过猎杀等人为伤害的象群攻击性更强。

2 鸟浪是由多种鸟类（少数情况下是一种鸟类，如椋鸟）组成的集群，在特定区域游荡。

洪崩河谷

高大的榕树、龙脑香、四数木庇护着众多的华丽鸟类，挑战着我们的眼力，只有8倍的双筒望远镜根本看不过瘾。

那就等大个头的犀鸟吧，我暗暗安慰自己。不知道是天太热，还是可以觅食的大树太多，我们在一棵结了果实的高山榕附近守候了许久，也没有等到犀鸟，就在两天前曾祥乐还在这里看到了好几只冠斑犀鸟。倒是一群群蝴蝶在溪流边逗留，让我有耐心继续等待，在灌木林中一直聒噪的白冠噪鹛也终于给了我瞥见真容的机会。

正当我和妻子观察岩壁上的蓝矶鸫时，一只双角犀鸟突然从山的背面一边飞起，又迅速地在我们头顶消失——绝对不会认错，黑、黄、白三色相间的双翼实在太惹眼，可其他同伴大都错过了犀鸟的灵光一现。大家懊恼之时，曾祥乐发现了花冠皱盔犀鸟，真佩服他的眼力，200米外大树的横枝上露出了这只犀鸟的头，其他部位都被密密的枝叶遮挡。它昂着头下咽果实时，才可以看到

云南丽蛱蝶

这种犀鸟标志性的面庞。

　　如果是繁殖季节，观察犀鸟就会更容易些。犀鸟会找到合适的树洞，将巢直接筑在洞中，雌鸟产卵后，就住在洞里；雄鸟衔来泥土，吐出黏液混着树枝、树叶将树洞封堵，只留下一个小洞给雌鸟喂食。从孵化到育雏的3个月左右时间，雄鸟就要肩负起丈夫和父亲的职责，不停地寻找食物。犀鸟只会栖息在我们眼前这样健康、完整的热带森林中，龙脑香科、四数木等大树为犀鸟提供繁殖巢洞，榕树、暗罗、野菠萝蜜等为犀鸟提供了食物，犀鸟又凭借着超群的飞行能力为这些大树传播种子。

　　1996年4月，中国第一笔花冠皱盔犀鸟的记录就诞生在洪崩河，此后涉足这里的鸟友屈指可数。洪崩河真正大大方方地走进鸟类爱好者的世界，始自2015年首届盈江国际观鸟节。我们的向导曾祥乐以志愿者的身份为观鸟节效

双角犀鸟

力，之后索性辞去工作扎根盈江，与当地的"鸟人"班鼎盈创办盈江观鸟协会，培训村民当鸟导。村民收入增加了，自然有动力保护鸟类，这样的融合尝试，正在盈江进行着。

生态旅游和鸟类保护如何平衡？盈江观鸟协会也在探索，比如在犀鸟进入巢穴1个月状态稳定后，选择有限的犀鸟巢穴开放拍摄，要求村民每次组织拍摄不超过5人，以免犀鸟弃巢。

次日一早，我们再次来到河谷守候，一只尚未成年的亚成的双角犀鸟终于如约飞进了昨天我们守候的那棵高山榕，这让大伙儿过足了眼瘾。同台献艺的巨松鼠更是给我们留足了拍摄的时间，如果不是这么开阔的空间，很难有机会拍到欣赏到巨松鼠舒展全身的照片姿态。

好运连连。又有5只双角犀鸟集群出现在远处的山坡上，看起来它们是吃饱了，有的梳理羽毛，有的撩拨同伴，叫声沙哑而响亮。也许是因为体型巨大、需要分散取食，双角犀鸟的集群相对较小，曾祥乐在冬季记录到24只一群的冠斑犀鸟，花冠皱盔犀鸟也有超过20只一群的记录。我们目睹5只双角犀鸟一起现身，运气已经足够好。

据说，在洪崩河有近30对犀鸟繁殖。蹩脚的新闻记者恐怕又会不假思索地得出当地生态环境变好的结论。其实，更接近真相的原因是——周边的森林被严重破坏，犀鸟被挤压到了更狭小的空间。

仓鸮

穿透黑夜的嘶鸣

白天看鸟，晚上找"猫"。这里的猫，指的是猫头鹰，绝大多数猫头鹰都体色黯淡，昼伏夜出，是暗夜中最敏捷的杀手。

在盈江县城一户阔气的别墅露台上，我们寻找只在中国最南部分布的仓鸮。这里真是视野绝佳的观景台，地势高，背后是山坡和密林，脚下是一片民宅，远处有KTV的歌声，还有烧烤摊升起的烟岚，每个晚上，仓鸮就在红尘和荒野的上空寻觅着猎物。今晚我们会遇到吗？

鸟友们手电、头灯一阵扫射，没有发现仓鸮的踪影，我们席地而坐，轻声细语地分析仓鸮会从哪个角落里飞出来，说话间，天空中就有了一个白色的影子！

仓鸮给足了面子，落在了铁索上。心形的大脸盘、棕红的翅膀、白色的腹部，这位古怪精灵的脑子里一定装了不少诡异的故事。

仓鸮的飞行轨迹

铜壁关热带雨林

　　寻找褐林鸮的过程就没有那么轻松了。在中国，它的分布范围要比仓鸮大很多，南方多省有观测记录，但真要一睹风姿并非易事。

　　铜壁关的满姐在观鸟圈赫赫有名，她曾是城乡客运司机，2015年盈江举办观鸟节，她开车带着"鸟人"看了一路，自己也掉进了鸟的世界，如今已经能识别100多种鸟儿，手机里也存了一堆鸟片儿。她对家乡的热爱又多了几分艳丽的理由，钱包也鼓了起来。

　　最关键的是，满姐生活的寨子里还有褐林鸮。

　　满姐家的小院是传统的木结构民居，一家人热情好客，招呼我们在院子里品尝火龙果，真甜！月光照着天井，我们困了，褐林鸮也终于有了动静——尖细的、穿透森林的嘶鸣声。

　　曾祥乐带着我们循声在村子里穿梭，声音时远时近，至少有两只褐林鸮在你一言我一语地隔空夜谈。要么有的林子太密，根本无法深入；要么落得太远，

褐林鸮

无法定位。几番奔走，无果。关键的时候，还得依靠"地头蛇"的面子。曾祥乐判断褐林鸮落在了山坡背后的树林，满姐二话不说，直接带着我们穿过村民家的自留地，直奔褐林鸮出现的山头。上山的小路湿滑，我们手脚并用，被打扰的大叔腆着肚子满脸的不解：老老少少十多人深夜上山，就为一只鸟？没错！

看到褐林鸮的第一眼，感受就两个字：震撼。它有近半米的个头儿，站在长满苔藓的横枝上，探探身子低着头，一双大眼睛里写满了诧异。只见它身子微微一倾，两翼一张，钻进了密林，像是棉花飞舞般，没有发出一丁点声响。猫头鹰翅膀边缘及后缘呈现锯齿状，能大大降低飞行中空气流经翅膀时产生的噪声，翼下覆羽特别浓厚，又起到了消音作用。这可是猫头鹰家族的看家本领，作为捕食者，它们必须把给猎物的信号强度降低至无穷小。

高山石斛

　　不知不觉夜已深沉，我们下山时还惊醒了熟睡的银耳相思鸟，抱歉，打扰了你的好梦。今晚，心满意足的我们可以做个好梦了。

　　从西双版纳到盈江，这些残存的原始森林如同大自然散落的宝石，研究者和观鸟者进入这样的森林，就如同在收集生态全盛时代的"遗珠"，虽然经常遗憾，但是也时有惊喜。这些耀眼的物种在告诉我们，一个完整的森林生态系统，应该有着怎样的生机和野性。

5

羽 录

对"鸟人"来说，身处何地都不会孤独，因为鸟儿无处不在，随时随地地观察、记录与分享，既是美的历程，也在为鸟类研究、保护奠定更坚实的公民科学基础，保护的力量在这个过程中自然地萌发。

在家门口观鸟

观鸟，好似集邮。远行去云南、新疆，像是进了邮票市场，目不暇接，甚至"消化不良"；若无暇外出，在家门口观鸟也自得其乐。长期积攒的过程，好比在一封封来信上揭下心仪的邮票，品相无法苛求，但收集的过程值得回味。

我住在南京城西，小区围墙外有条水渠，站在阳台上，就能看见两岸的樟树、柳树、枫杨、合欢……白头鹎（俗称白头翁）飞来飞去，飘雪的日子，成群的灰椋鸟、丝光椋鸟挤在枝头，叽叽喳喳，打破雪落下时的寂静。阳台外种了马褂木，秋天，北灰鹟突然站在了枝头上，瞪圆了眼睛看着我。

刚入住的那两年，一路之隔的小区还没有开建，荒地中央一抔水，偶尔还有水鸟落下；闲置的脚手架上，喜鹊搭起了巨大的鸟巢。眼见高楼起，鸟兽散，2016年5月24日上午8:20，我终于再见到一只白鹭在空中飞过，郑重其事地在观鸟本上记下这一笔。

每天，我都会留意家门口的鸟儿。天蒙蒙亮时，最先听到的往往是黑脸噪鹛的鸣唱，啾——啾啾！啾——啾啾！嗓门真大，我尚半睡半醒，也能想象它们的样子：七八只成群，在树丛里窜来窜去，晨练的长者没准会觉得这是群松鼠，黑脸噪鹛棕色的羽毛的确可以迷惑人。

喜鹊

日暮时分，开着窗户就能听到珠颈斑鸠间的对话，咕咕咕，咕咕咕，一声近，一声远。

白头鹎数量最多，哪怕在"鸟况"最惨淡的三伏天，它们也总是不离不弃地在晨昏时分歌唱。春天它们的白头更纯粹，你要是不特意观察，没准儿还以为是顶着白帽子的鸟儿。一年冬天，一只白头鹎扑扇着翅膀面对我家汽车后视镜发力，不知道是照镜子，还是与"敌人"交战。

乌鸫的胆子最大，经常在草地上啄蚯蚓，因一身黑黢黢的羽毛，常被人喊成乌鸦。见到人来，它的第一个动作总是那么程式化：猛地抬头，然后埋头快跑几步，再停下来观察敌情，觉得不妙，尖叫着飞走了，声音的回响还带点金属感。春天一临近，乌鸫多了柔情，站在枝头，歌声总是婉转动听，当我一身疲惫下班时，总觉得这是最好的疗愈。进入5月，乌鸫的雏鸟出巢了，父母们很警觉。小鸟在冬青灌丛里藏身。我还没走近，夫妻就轮番飞到我面前，歇斯底里地叫着，试图引开我的视线。

清明雨纷纷，我困在家中，睡眼蒙眬，忽然楼下传来一阵亲切又陌生的细碎鸟语，一群黄雀！它们争先恐后啄食刚长出的嫩芽，大抵是要为迁徙储存能量，其中一只还系着红绳子，不知是从牢笼里逃出，还是养它的主人发

珠颈斑鸠

灰椋鸟善于利用人工设施筑巢

黄雀集群在朴树上觅食，我在其中意外发现了一只逃脱鸟笼的雄鸟

了善心。无论有着怎样的过去，自由无价啊 。

　　小区围墙外的水渠，前两年栽种了水生植物，铜钱草、水芹、菖蒲，一片片绿色，掩盖死水的不堪。黄昏时回家，我突然发现长满铜钱草的浮岛里有两个黑影，乍一看以为是斑鸠，可尾巴一颤一颤，望远镜里观察，红脚苦恶鸟！见我驻足，它们吓得连忙钻进灌木里。此后多日不见，我开始为红脚苦恶鸟的命运担忧，莫非清理河道的工人把它捉去了？每每看到工人用网兜打捞漂浮的落叶、垃圾，我总会想象着红脚苦恶鸟落网时的挣扎。直到一个周日的下午，两只红脚苦恶鸟又冒出来了！心里又惊喜又惭愧。

　　岸边的树林日渐茂密，林下的野花、野草趁着园林工人偷懒的间隙疯长，无人喷洒农药，更不会清除杂草，这样的好地方，在人类聚集的城市里可真难得。

　　2020年春天，新冠肺炎疫情阴云不散，我困顿于家中，在阳台上透气时，

红脚苦恶鸟

突然看到两只灰树鹊一边沙哑着叫着，一边顺着河边的大树向南飞，这种偏好山地森林的鸟儿怎么会来到居民小区呢？不会认错，我分明看清了它那红色的腰身。莫非是人类暂时的退让，令更多的鸟儿大大方方地挺进城市？随后的几日，我越来越关注窗外的鸟儿，星头啄木鸟居然一下来了三只，在树干上一圈儿一圈儿转着找虫吃，咚咚咚地作响。它们的到来，让我不安的心也平静了些许。

初夏，疫情终于缓和，我在老山遇到相邻小区的朋友，说起困于家中在阳台上观鸟的经历，他居然也提到了灰树鹊，也同样感到意外。这样的共鸣，真的只有"鸟人"之间才会发生。

不知不觉，我在小区度过了10年，鸟种清单居然也积累到了60种之多，有的仅一面之缘，如暗绿绣眼鸟、画眉、白眉姬鹟，有的给了我核对的机会，比如树鹨，有的索性住了下来，"鸟丁兴旺"，比如鹊鸲。这是因为我观鸟比以往认真，付出得到了回报，还是因为我生活的城市，已经没有太大的自然空间让鸟儿容身，它们被挤压到了我面前？

遗憾的是，在我即将搬离小区的这一年，水渠边的小树林迎来了"环境整治"，成熟的灌木被铲除，换上了时下流行的花卉，林下的杂草被草坪取代。很快，冬季抖着尾巴与我捉迷藏的北红尾鸲再也不见了，喜欢在灌丛里"哒——哒——哒——哒"发电报的强脚树莺没了踪影。

好吧，我也走了。

山斑鸠

白嘴潜鸟发现记

中国沿海首次发现白嘴潜鸟！在美国学者对白嘴潜鸟的卫星追踪记录中，资深鸟导章麟发现它在江苏海域越冬的线索，2009年初春，江苏野鸟会论坛的同好们协力，集体包船出海寻找，我有幸身处其中。在历时7小时的观测中，除了白嘴潜鸟的重大发现，一行人还记录了扁嘴海雀等稀见越冬海鸟的珍贵影像。

《中国鸟类野外手册》这样描述白嘴潜鸟的分布："种群数量甚稀少。有记录迁徙时经过辽东半岛及福州。"但国内一直没有沿海地区迁徙的影像记录。章麟在韩国一家观鸟网站上发现一则关于白嘴潜鸟的卫星跟踪报道：美国学者2002年在阿拉斯加的苔原上为它们安装了微卫星发射器，跟踪其迁徙路线和越冬地，结果显示，从繁殖地阿拉斯加附近一直到日本海、渤海、黄海都有分布记录。

韩国鸟友已经根据这个监测报告于2008年3月和2009年1月拍摄到罕见的白嘴潜鸟。

章麟研读这份监测报告发现，在连云港车牛山岛海域，有多个白嘴潜鸟的出现记录，"绑定卫星发射器的只是少数，这里一定有不少白嘴潜鸟出没，一定要在春天向北迁徙前找到它们！"章麟在江苏野鸟会论坛上发布了这条重要线

车牛山岛海域

我为值班站长在即将搬迁的连云港东站
前拍下留影

索，大家决定试一试。连云港鸟友韩永
祥联系渔民包船，一起出海的鸟友们分
摊船费。

我和朋友们在从南京到连云港的火
车上睡了一夜，车上供暖还靠烧煤的锅
炉。连云港东站，是陇海铁路的起点，
当年就搬迁到了新址。

茫茫大海，去找一只鸟，难度可想
而知。

车牛山岛海域的暗绿背鸬鹚

2月28日，晴。

刚离开码头半个小时，就陆续有人晕船呕吐。渔船越行越远，除了海与天，别无一物，海上的寒风更刺骨，出发两小时后，原本满怀希望的队伍越来越沉寂。

我和章麟坐在一侧，一边继续寻找目标，一边听他介绍海鸟的观测情况：国内一些海鸟的可信越冬记录几乎为零。除了白嘴潜鸟，长尾鸭、海雀的影像记录也几乎都是空白。

首先，这些越冬海鸟的种群数量很小。在《中国鸟类野外手册》中，它们多为点状分布，在浩如烟海的观鸟记录中只是偶然闪现一下。

其次，出海观测的成本很高。官方研究机构长期不重视基础数据收集，民间爱好者们的经济实力又有限。而在博物传统深厚的西方国家，都有专门的民间观鸟机构，通过长年累月的监测，对当地的海洋鸟类分布情况了如指掌。

所幸，自2000年以来，中国的观鸟队伍像滚雪球一样地发展壮大。就在我们这次包船出海前，几位鸟友乘坐夏天临时开行的旅游船考察了车牛山岛海域，记录了纯褐鲣、白斑军舰鸟等海鸟。

"出海观测不确定性太多，比如就有一只

黑喉潜鸟

在不远处，开船时恰好绕过了，那就泡汤了。"章麟说罢，又拿起双筒望远镜"扫射"海面。

度过了3小时的航程，车牛山岛依稀可见，晕船的鸟友也振作起来了。章麟突然喊了起来："快看快看，潜鸟！"

船开始慢慢靠近，潜鸟在海面上扑打着翅膀，鸟友雷铭问："它怎么飞不起来，它不愿意飞吗？"他一边观察，一边提醒大家留心。

鸟友们根据下颈的白色以及嘴形判断这就是黑喉潜鸟。尽管不是此行的终极目标，但至少释放出明确的信号——这一海域适合潜鸟越冬！

"海雀，海雀！"章麟又有了发现。顺着他的指引，大家看到船头1点方向，几只肥嘟嘟的"小鸭子"贴着海面飞翔，一会儿停在水面上。雷铭看清了细长的白色眉纹，还有喉部、颈部明显的白色斑块，是扁嘴海雀！《中国鸟类野外手册》的分布描述为"偶见于香港海域"。

船行到车牛山岛的几个小岛之间，我们停下来寻找目标。南京大学李忠秋老师和雷铭首先看到很远的海面上有两个小点，右边的明显头大、脖子短，是潜鸟的体形。

船慢慢靠近，谜底终于揭开，一行人禁不住欢呼——白嘴潜鸟！

这家伙不怕人，仰着头，侧着脑袋望着船头的人类，突然又潜了下去，在很远处露出了水面，潜水可是它的老本行！

船慢慢靠近，与白嘴潜鸟距离不足10米了，一行人纷纷撒下望远镜，跪在夹板上，伸出脑袋观察。

它象牙一般的长嘴微微上扬，灰黑色的帽子盖住了后颈，脸颊的白色一直延伸到脖子，眼睛则像暗红的宝石。

也许很少见到人，白嘴潜鸟天真无邪地昂着头游弋——这是它在海面上最经典的姿势。

清澈的海水下，一双庞大的黑脚来回摆动着，大小和头部相当——它常潜

扁嘴海雀

长尾鸭

入深水捕鱼，水下功夫就靠这美丽的大脚支撑了。

在鸟友们的惊呼中，它秀够了美貌，一头扎入水中，在远方浮出水面，渐渐淡出视野。

此次出行成果迅速传遍全国的观鸟圈，没过几天，远在东北和华南的鸟友飞抵连云港，却没能找到白嘴潜鸟；一年后的元旦我们再出发，却被狂风大浪赶了回来……

用尽一切可能博取机会，享受发现的乐趣又能坦然接受失败，这样的不确定性，正是观鸟的魅力。

白嘴潜鸟

可爱的德阳

城市因水而温润，水因鸟而灵动。因为红嘴鸥的光顾，昆明翠湖在冬天更有活力。上海黄浦江边20世纪80年代建起的酒店索性取名"海鸥饭店"，住客们评论"果然海鸥成群"。德阳——位于成都平原的装备制造业重地，更是一座因为鸟而可爱的工业城市。绵远河穿城而过，前来越冬的水鸟是德阳最美的符号。

第一次听说德阳，大约是在10年前。我和朋友在盐城观鸟，野鸭异常警觉，不等我们走近，就惊慌失措地扑腾着翅膀，嘎嘎嘎地叫着起飞了，铺天盖地的声势让人激动又心寒。因为长期的捕杀，中国的鸟儿太怕人了，雁、鸭尤甚。同行的朋友提议，得空去四川德阳观鸟，那里鸭子都不怕人。

2017岁尾，德阳不断爆出罕见鸟类的记录，各地鸟友汇集，收获颇丰。春节假期，我毫不犹豫地前往德阳，临行前好、坏消息各一：两种少见的越冬鸥类——细嘴鸥和三趾鸥都还没有离开；有人违反禁令放鞭炮，鸟儿不好找了。我心头一紧，它们俩可是我此行最大的盼头。

细嘴鸥在地中海、北非、阿拉伯半岛等地越冬，在中国较为罕见，三趾鸥在太平洋和大西洋北部越冬，在中国也不常见。两种少见的鸥在一个地方出现，不去看太亏了。

难得一见的极危物种青头潜鸭（右）在当地总是大大方方地露面

大年初二，我飞成都转高铁到德阳，只用了5个多小时。放下行李就直奔岷江路大桥。走上桥俯身一看，全是鸭子，果然名不虚传，肉眼就看到了青头潜鸭。一年多前，朱杰带着我在长江边的冷风里站了两三个小时，才在单筒里远远地找到了青头潜鸭，它和白眼潜鸭混在一起，我们拿着《台湾野鸟手绘图鉴》，又是看头形，又是分析腹部的吃水线，才确认了一笔个人新记录。

此刻的德阳，风暖暖的，还有早到的家燕呢喃着在面前划过，安逸！

望远镜再扫扫，绿头鸭、斑嘴鸭、白眼潜鸭、红头潜鸭、普通秋沙鸭、白骨顶都不少，鸥呢？桥下居然一只都没有。

我骑着共享单车转了一圈儿，但凡有鸥，都停下来寻找，可看来看去都是红嘴鸥，冬羽、第一年冬羽、繁殖羽、冬羽到繁殖羽间的过渡，各种形态很快就集齐了，可就是没有我要找的两种鸥。眼看着太阳西沉，鸭子们都缩起头休息了。我有点沮丧，对着迎面飞来的鸥一阵连拍，收工。

次日早起，岷江路大桥的鸟况大不一样——鸭子在水中央，滚水坝上站的几乎全是白花花的鸥，几百只。我顿时来了精神，一只一只扫过去，不等看完，鸥们飞起又落下。耐着性子继续找，排除、排除、再排除，除了一只海鸥，全是红嘴鸥。

细嘴鸥（上）与红嘴鸥（下）

　　海鸥，是鸥科中的一员。我们俗称的"海鸥"，则可理解为"鸥科的所有成员"。

　　我有点失望，走下河堤看了一会儿鸭子，不甘心，杀个回马枪，逐个再扫一遍，红嘴鸥、红嘴鸥、红嘴鸥……不对，再看，细嘴鸥！它傲气极了，昂着头，鲜红的嘴细长，眼睛也是线形，胸口和腹部泛着淡淡的红，终于找到你！一看表，才十点，看来三趾鸥也有戏。

　　我正想换个低角度再拍到更好的照片，一群鸥飞过，细嘴鸥不见了！此后两次找到它，皆是转瞬即"失"，绝情。

　　收获第一个新种的欣喜还没过去，德阳鸟友"珍珠如土"大姐如约来与我会合了，此前好友辛夷在她的帮助下如愿找到了三趾鸥，还把"珍珠如土"近距离和这只鸥的合影照片一并发表，这在德阳鸟友中炸开了锅，毕竟找到它都不是太容易。

　　"珍珠如土"给这只三趾鸥取名"乖乖"，它特立独行，从来不与红嘴鸥混在一起，又很通人性，"喊着'乖乖'它就飞到我面前，只有我能靠得这么近"。她分析说，如果不是有人放鞭炮，我们多半已经找到它了。

　　一群群水鸟飞来又飞去，桥面上的观光客换了一茬又一茬，大姐一边喊着"乖乖"一边寻找，可三趾鸥就是没有出现。她不停地鼓励我再多找找看。其实，享受发现和接纳失败对观鸟人来说都是家常便饭，结果的不确定性正是观鸟的魅力。对于大姐的热情相助，我倒是越来越内疚了。

　　我决定沿河往上游走走，一路上最多的还是红嘴鸥，鸭子的种类发生了变化，赤膀鸭、针尾鸭、罗纹鸭次第现身。特别是凯江路大桥附近，浅滩上长满了芦苇，这是鸭子们最喜欢的藏身地，绿翅鸭、赤膀鸭静静地卧着，若不仔细观察很容易错过。河水静静地流淌着，让我想起家乡的额尔齐斯河——一条曾经自由奔腾，承载着童年记忆的母亲河。

海鸥更多出现在海岸地带，但在内陆湿地也能看到，它广泛分布于西藏外的所有省份

如果绵远河没有被坚硬冰冷的硬化堤岸[1]束缚，那该有多好。倘若她能流淌在松软湿润的河床之上，水岸生态系统被完整地保留，眼前的景色该会有怎样的活力！据当地鸟友回忆，20世纪90年代末，绵远河大部分河岸还没有硬化，一到冬天，越冬的水鸟铺天盖地，灰鹤都曾光临过。

与自然流淌的河流朝夕相伴，是多少观鸟者心中的梦啊。

不远处几只罗纹鸭集群，我正打算驻足观察，其中一只慢慢靠岸，给了我近距离拍摄的机会，在南京，如果不是摸黑在水边潜伏，我们只能远远地看。鸟儿和人之间的信任关系，不知道得经历多少代人才能建立。

我骑车在河两岸绕了一圈儿，还是没能找到三趾鸥。再回到岷江路大桥，红嘴鸥还是成群结队地围着投喂食物的人们打转儿，我有些累了，靠着栏杆欣赏，一只鸥忽地从

1　水岸生态系统是连接陆地和水生生态系统的纽带，是陆地和水域之间能量、物质、信息交换的通道；发挥着生物廊道的功能；具有丰富的动植物资源，是许多动物（特别是两栖类）和鸟类的栖息地。城市发展进程中，水岸生态系统由于人类活动的干扰而严重退化。在一些城市地区的水岸生态系统几乎不复存在，人们随意填埋河道、水塘，或将河道变成渠道，将水塘变成水池，生态系统的生命力在丧失。

在一群活跃的红嘴鸥中区分与之相似的细嘴鸥并不是件容易事

罗纹鸭甚为惧人，但在德阳我却可以大大方方地靠近它拍摄

我眼前飞过，黑嘴、黑脚，应该就是三趾鸥吧，可惜它没有再给我细看的机会。

天色渐渐暗了下来，我得离开德阳赶往下一站，此时，细嘴鸥又出现了，眯着眼睛理毛，扑扇着翅膀整理妆容，那优雅的姿态让我心醉。

就在我带着些许遗憾离开德阳时，"珍珠如土"大姐发来信息，三趾鸥又在上游出现了，朋友刚刚拍到，可惜我已经没有时间。留个念想，一定还会再去德阳。

回到家中，我整理照片，打开其中一张时，兴奋至极！在德阳第一天寻鸥无果，沮丧中无心拍摄的居然就是三趾鸥。它真是给我开了个不大不小的玩笑。只是在我的观鸟记录里，三趾鸥该如何备注呢？拍到了，没"看"到？

港岛鹦歌

　　我们与野性生灵在城市里的相遇，更像是匆匆人流中好友间的耳语。

　　2015年5月，我在香港数日，每天起早贪黑工作，早餐前的半小时，背着相机在香港公园散步是最大的乐事。

　　香港公园是香港最大的城市公园之一，原为英军域多利军营。1979年，军营近山麓的地段拨作商业发展及兴建政府楼宇用途，如今已是香港岛的核心景观；而近半山部分则交由市政和赛马会合作建设公园。寸土寸金的中心区能留下一片绿肺，实属不易。建于19世纪40年代记录香港历史的旧三军总司令官邸"旗杆屋"也坐落其中。从周围的高层建筑俯瞰，香港公园如同精致的盆景，被一圈圈高楼围裹。

　　走进公园，城市生活和野趣杂糅呈现着：水景里弥散着消毒水的味道，西装革履的白领一路小跑，面无表情地接过免费散发的报纸；黑脸噪鹛和麻雀旁若无人地觅食，赤腹松鼠肆无忌惮地掀开三角槭的树皮觅食，菠萝蜜果实一丛丛地从树干长出来。在霍士杰温室前的一棵木棉树下，我停下了脚步，2009年清明我曾在此地观察过赤腹松鼠和小葵花凤头鹦鹉啄食嫩芽和花朵。转眼6年过去，木棉花落尽，偶尔有珠颈斑鸠和红耳鹎歇脚，树下的长者依旧心无旁骛地健身。

在高层建筑上俯瞰香港公园

　　沿着小径，我走进太极园，大榕树中一阵嘶哑的嘎嘎声打破了庭院的宁静，黑紫色的紫啸鸫和洁白的小葵花凤头鹦鹉厮打着冲出来又钻进去，你追我赶，寸土必争，想必是小葵花凤头鹦鹉在树干上的洞穴遭到了骚扰。循着打斗声，我又在树冠里找到集群的鹦鹉，看起来这是个四世同堂的种群，年迈的小葵花凤头鹦鹉羽毛零落黯淡，颈部的羽毛已经脱落，皮肤裸露着，许久不动一下；年轻的个体羽毛洁白，鹅黄色的凤头收起时，就像扎了微翘的辫子，钳子一般的大嘴，时不时在树干上抹一抹，又在同伴身上蹭一蹭，像是在示好。由于习惯了熙熙攘攘的闹市，这些鹦鹉对人的戒备心远比野外的群体小得多，有的甚至俯下身体观察我，或许是被咔嚓的快门声吸引了吧。

　　由于商业捕捉和栖息地破坏，小葵花凤头鹦鹉在它的家乡印度尼西亚已大幅减少至2000只左右，离野外灭绝仅一步之遥，在我国香港却延续着全球最大的野化种群，公园里的这群，身世更为传奇：据说旧三军总司令官邸饲养了一

20 世纪 40 年代，小葵花凤头鹦鹉开始在香港散逸

赤腹松鼠

批小葵花凤头鹦鹉，1941 年 12 月，日军入侵香港，为了不让它们落入敌军手中，驻守军队将其放生。战后，被侵略者烧毁的山林重新焕发生机，小葵花凤头鹦鹉也在香港岛开枝散叶。在香港，除了小葵花凤头鹦鹉，还有曾被当作宠物饲养的绯胸鹦鹉、红领绿鹦鹉在野外散逸。

这些凄凉的被动"迁地保护"案例，背后是血腥的宠物贸易。根据世界自然保护联盟的评估，全球近 400 种鹦鹉中，有超过四分之一的生存受到威胁，以非洲灰鹦鹉为例，其在加

小葵花凤头鹦鹉冠羽竖起时就像盛开的葵花花瓣

纳99%的种群已经消失，非法的宠物需求[1]是最大的祸因。犯罪分子走私鹦鹉无所不用其极，甚至用拔去部分羽毛、麻醉、封嘴的方式，将它们藏匿在长袜、卷发器、矿泉水瓶、轮毂盖中，企图瞒天过海，再通过黑市一道道转手，最终成为人们赏玩的对象，而更多的个体则在盗猎或非法贸易途中死去。

离开香港的早晨，阴云密布，站在建筑工地脚手架顶端休憩的小葵花凤头鹦鹉忽然时而集群盘旋，时而俯冲，一片又一片，白花花的，在树冠的浓绿上空舞动。

愿你们安好。

---

1 中国是《濒危野生动物植物种国际贸易公约》缔约国，列入其中附录Ⅰ、附录Ⅱ的鹦鹉参照国家一级、二级重点保护野生动物管理，合法饲养的鹦鹉只有虎皮鹦鹉（*Melopsittacus undulatus*）、桃脸牡丹鹦鹉（*Agapornis roseicollis*）和玄凤鹦鹉（*Nymphicus hollandicus*）三种，无证饲养其他种类的鹦鹉均属于违法行为。2016年朱雀会组织的"还野鸟自由翅膀"全国鸟市调查显示，共计41种列入《濒危野生动植物种国际贸易公约》附录Ⅰ、附录Ⅱ的鹦鹉在鸟市出售，反映出当时市场监管的严重漏洞。

黑喉噪鹛

沼蛙

与水鸟的约定：
中国沿海水鸟同步调查员访谈[1]

中国有着漫长的海岸线。2005 年至今，中国沿海水鸟同步调查员始终和水鸟有个约定——每月在周末或天文大潮期选择一天，开展定期水鸟普查。从鸭绿江到深圳湾，漫长的沿海湿地，哪里有迁徙水鸟停歇，他们就奔向哪里。他们对鸟况的关心，已经远远超越了爱好本身。这种主要由民间发起、组织和推动的公民科学项目，已成为中国环境保护与监测的重要形式。[2]

本文用对话的方式展示调查员的原声，带领读者走进他们的内心，但愿随着时间的沉淀，今天的对话能给后来者信心和启迪。

"这个好啊，我得玩这个"

问：怎样的经历让你成为"鸟人"？

---

1 2013 年我应《中国鸟类观察》之约，书面采访"中国沿海水鸟同步调查"项目组成员，发表于"沿海水鸟调查专辑"，原文删节、修订后收录于此，算是对一段历史的记录。

2 全国沿海水鸟同步调查早期（2005—2013 年）的结果汇总分析后发表在 SCI 期刊《鸟类学研究》（*Avian Research*）上，确认了多片湿地的水鸟数量已达到国际重要湿地的标准，为研究、保育以及决策人员在开展水鸟以及湿地相关的工作提供了重要科学依据，例如为划定生态红线提供依据，为江苏条子泥湿地申报世界自然遗产提供基础调查数据。

白清泉（网名"红隼"，辽宁丹东）：我第一次接触观鸟是2000年，钟嘉访问丹东鸭绿江保护区，我因为工作的原因陪同，那大约是第一次接触观鸟，她后来回忆，当时我好像说了一句：这个好啊，我得玩这个。

2002年春季，受访问鸭绿江口湿地的英国鸟类学家戴维·梅伟仪（David Meilville）和澳大利亚鸟类学者皮特·柯林斯（Peter Collins）等人的影响，我开始成为一个"疯狂"的野外观鸟者和水鸟调查员，并成为一个活跃的数据提交者。那是在中国举办的第一次中国—澳大利亚彩色旗标和鸻鹬类捕捉研讨会上，和来自全国鸟类环志中心和全国沿海主要保护区的中坚人士一起，经历了大约连续10天终生难忘的野外工作，白天调查、夜间捉鸟环志，还有自由的研讨。我从未见过如此积极的工作氛围，就无可救药地被吸引了。

杨金（网名"紫啸鸫"，福建福州）：从小就喜欢鸟类，最早是养鸟，后来登山认识了几位自然爱好者，并通过网络知道观鸟这个活动，最终在2003年开始，弃"关鸟"，改为观鸟。

章麟（网名"MC"，上海）在南京上大学期间，校园位于紫金山、玄武湖附近。课余时间较充裕，经常去走走，逐渐发现其中的生灵，恰逢马敬能的《中国鸟类野外手册》出版，一下子找到了入门的路子，兴趣大增。

韩永祥（网名"闪雀"，江苏连云港）：野鸟很抓眼球吧！还有就是我的探索欲。

李静（网名"Stinky"，上海、江苏）：很早就知道观鸟这个活动，在2005年回国住到上海后买了望远镜开始慢慢看，找到上海野鸟会后认识了一帮对观鸟有热情的人，就一直看到现在。

孟德荣（网名"白鹤"，河北沧州）：2000年时，河北省海兴县申报省级湿地和鸟类自然保护区时缺乏本底资料，在河北省林业局支持下开展海兴沿海湿地鸟类调查，自此成为"鸟人"。

林植（网名"上尉"，福建厦门）：热爱自然并积极组织户外运动，认识厦门观鸟会几位创始人并带他们去山区活动。

陈志鸿（网名"岩鹭"，福建厦门）：在厦门沿海水鸟资源调查中学会观鸟，并开始在市民中推广。

董文晓（网名"白饭"，福建福鼎）：我从小就喜欢自然，有机会接触观鸟后，发现这是接近自然最方便的方式。

欧东平（网名"老鸥"，福建福州）：福建省观鸟会2006年底在福建省图书馆举办观鸟知识讲座，组织市民观鸟活动。我参加了活动，感觉很有意义，很快就加入观鸟会，成为"鸟人"。

张明（网名"村长"，辽宁盘锦）：在微博上看到别人拍摄的鸟类精彩照片，开始对鸟类感兴趣，从拍鸟到观鸟一发不可收。

倪光辉（网名"老等"，福建福州）：2005年与江西老林一起观鸟的经历让我成为"鸟人"。

"上海冬天的鸭子会飞"

问：为毫不了解的人介绍观鸟，能否用一句话引发对方的兴趣？

李静：上海冬天的鸭子会飞。

杨金：不同的群体有不同的说法：青少年——鸟很漂亮，还很神秘；同龄人——再没有比这个更有趣的户外活动了，有空一起来吧，包你一辈子玩不完；中年人——锻炼身体好办法，还可以欣赏自然；老人——锻炼身体，强度不高，乐趣无比。

韩永祥：如你们狂热地打麻将一样吸引人。

倪光辉：你想知道鸟儿是如何迁徙的吗？

孟德荣：你想舒缓工作和生活上的压力，放松心情吗？

林植：跟我一道走进自然像鸟儿一样飞翔！

陈志鸿：玩的同时为社会做点好事。

欧东平：架好单筒对着一只漂亮的小鸟，让游人过来看看，漂亮吧？要想多看漂亮的鸟就跟我们一起活动吧！

"保护环境须用数据来说话"

问：参与沿海水鸟同步调查，最大的收获是什么？

李静：认识了一帮志趣相投的人；从调查记录中可以体会到迁徙是件有趣而且值得分享的事情；能亲眼看见城市周边滩涂的变化以及承载的野生动植物的变化，很震撼。

水鸟调查员在条子泥开展工作

春秋迁徙季，大量鸻鹬类途经江苏条子泥湿地

韩永祥：2007年我开始观鸟，第二年就开始加入调查了，水鸟调查是我成长的一个巨大推手，制约散漫，塑成严谨的态度，收获友谊。

杨金：水鸟鉴别能力提高；集合一群同样关注湿地保护的志愿者和同行者；湿地保育项目能力的统筹与组织能力的提高。

白清泉：更多地了解了鸭绿江及其周边地区的鸟类，对沿海其他地方的鸟类情况的了解也有所增加。交到几个朋友。

孟德荣：增长知识，结交朋友，强健身体。

林植：逐渐发现鸟与自然界的规律，并深入研究探索。

欧东平：了解了闽江口湿地水鸟的种类、数量、迁徙过程，以及气候、滩涂变化对水鸟的影响。

倪光辉：慢慢懂得保护环境须用数据来说话。

黑嘴端凤头燕鸥和大凤头燕鸥

"2004年8月8日7时16分"

问：与读者分享你最得意的记录。

林植：2004年8月8日7时16分，我首次在福建长乐闽江口发现黑嘴端凤头燕鸥。

杨金：2006年5月初，在龙栖山自然保护区观测到斑头大翠鸟以及白颈长尾雉。从此，那里成为福建的观鸟胜地。

陈志鸿：2006年3月19日沿海水鸟调查时我在厦门附近的南安发现3只勺嘴鹬。早在1860年斯温侯在厦门就有了勺嘴鹬记录，亲眼看见还是非常兴奋的。

孟德荣：2006年10月26日在海兴县青先农场附近的盐田养殖塘发现23只白鹤，之前在沧州地区一直没有白鹤的分布记录。

白清泉：一切皆有可能，比如，丹东的暗灰鹃鵙等记录。

从水鸟调查方面说，发现一些水鸟的规律和趋势也是自豪的收获。另外，还有濒危鸟种的发现、特别的彩色标记鸟记录等。

2008年4月11日、9月20日，两次观察到佩戴黄色旗标、编码为27号的日本九州岛环志的黑嘴鸥，这是同一只鸟春秋迁徙经过丹东的记录。

董文晓：2011年秋季勺嘴鹬例行调查，不经意地去非调查区域看到100多只勺嘴鹬和200多只小青脚鹬。

张明：2013年4月27日看到10万只大滨鹬在盘锦南小河湿地翻飞。当时激动不已！这是盘锦单次记录最多的一个鸟种，数量占该鸟类种群数的三分之一。

韩永祥：2012年至2013年，在连云港调查到22种水鸟超过其全球种群的1%，半蹼鹬、蛎鹬的数量刷新全国纪录。红腹滨鹬、卷羽鹈鹕等也引起关注。但是这种"得意"的背后可能是其他栖息地被破坏，把它们"赶"到一起了吧。

鸟网、"小管"、蚕食

问：说一件在野外让你最痛心或遗憾的事情。

欧东平：2008年7月20日在水鸟调查中拍到一只黑嘴端凤头燕鸥下喙被塑料管套住不能进食，最后见不到它了。世界上可能又少了一只"神话之鸟"。

李静：上海南汇从2006年的鼎盛到2009年的衰败。

张明：每年都去大连老铁山观猛禽，看到那些挂在网上的鸟无比痛心，那里是很多鸟类迁徙的必经之地，本人也参加过多次拆网活动，为什么就制止不了呢！

陈志鸿：看到鸟在鸟网上挣扎，可因为烂泥无法下去解救。

倪光辉：在长乐文武砂湿地看到几公里长的捕鸟网上挂着许多鸟儿。

韩永祥：目睹整个滩涂、上万水鸟栖息地的消亡，一个接着一个，一年接着一年，那种痛只有自己知道。

林植：看到以往水鸟成群的湿地被污染、被侵占。

章麟：发现一只中毒的幼年白鹤，捡回车上就已经死了。其父母在头上盘旋哀鸣许久才离开。

沿海滩涂是鸻鹬类重要的栖息地。号称"江苏第一围"的
盐城东台条子泥湿地围垦项目曾招致国内外舆论的强烈抨击

"不做肯定没希望变好"

问：近些年沿海生态环境的恶化愈发严重，你认为保护还有希望吗？尝试过哪些努力？有成功的案例分享吗？

白清泉：不悲观，也不很乐观。以不激进的方式、态度，尝试让更多的人知道和了解事实，并接受环保理念。包括向感兴趣的人散发斑尾塍鹬的小册子等宣传品。

杨金：我们还有中国梦，那就有希望。闽江河口湿地在我们这些观鸟爱好者4年的呼吁与努力下终于得以保护。

李静：不做肯定没希望变好。做了之后，至少子孙后代会通过数据了解湿地是怎样消失的，也许将来他们可以努力将湿地恢复到鼎盛时期。目前最好的典范应该是闽江口吧，建成了国家级保护区。

孟德荣：希望和失望并存吧。曾经多次在不同的场合呼吁过。

林植：希望渺茫。通过人大、政协呼吁，稍有改观。好的案例似乎还没有出现。

张明：只要政府重视，保护沿海湿地还是有希望的。现在最大的问题就是围海造地，如果全国范围内还这样推行下去，湿地保护就是空谈。

陈志鸿：希望还是有的，通过政协提案和研究课题努力。好的案例基本没有。

倪光辉：应该还有希望的，通过媒体来宣传沿海湿地的重要性。

"需要口号，更要有行动"

我们还想说点别的……

杨金：关注的多，呼吁的多，但行动的少，这是现状。我们需要口号，更要有行动。

孟德荣：保护湿地和鸟类任重而道远。

林植：继续干下去吧。

陈志鸿：坚持就是胜利。

欧东平：真正要保护湿地，首先是政府要真正懂得保护湿地的意义，采取行之有效的保护措施，不是搞几个保护区就能保护湿地。

张明：沿海地区做好调查很必要，但内陆重要湿地有必要加入水鸟调查行列中来，这样的调查才更全面。

李静：希望有更多的观鸟爱好者喜欢看水鸟，更多的公众关注湿地和水鸟。希望湿地消失得再慢一点吧。

陈志鸿：我的努力也许改变不了什么，但如果不去做什么都改变不了。

观鸟启蒙工具书的诞生

　　小学生识字，离不开《新华字典》；观鸟爱好者要识别鸟类，离不开鸟类图鉴。在中国工作之余的"副产品"，一个不经意的收获——《中国鸟类野外手册》，让作者马敬能（John MacKinnon）博士成为在中国观鸟爱好者中知名度最高的外籍生物学家。不管他出现在哪里，总会有"鸟人"捧着厚厚的手册来找他签名，以至于大家简化他的科学家身份，仅冠以"鸟书作者"这样的头衔。

　　没错，在鸟类题材原创书籍出版已经非常旺盛的中国，"鸟书"依然专指《中国鸟类野外手册》。这本定价85元的中国观鸟启蒙工具书曾经长期断供，二手书卖到三四百元一本，甚至更高。

　　马敬能出生在博物传统悠久的英国，从小就喜欢观察鸟类、昆虫，中学时就在舅舅的推荐下前往非洲，跟随研究黑猩猩的珍妮·古道尔（Jane Goodall）博士学习。之后马敬能又在牛津大学学习生物学，获得动物行为学博士学位，博士论文课题是研究婆罗洲和苏门答腊的猩猩。从那时起，马敬能和亚洲结下了40多年的不解之缘。

　　在东南亚为联合国粮食及农业组织（FAO）、WWF、世界自然保护联盟（IUCN）等机构工作之余，马敬能先后编写了《爪哇和巴厘鸟类野外手册》（*Field Guide to the Birds of Java and Bali*）和《婆罗洲、苏门答腊、爪哇和巴厘

2019年春节，马敬能博士在三江源国家公园的澜沧江源昂赛乡野外考察

鸟类野外手册》（ *A Field Guide to the Birds of Borneo, Sumatra, Java, and Bali* ）。

20世纪80年代中期，马敬能参与WWF同中国合作的卧龙熊猫保护区项目，代表IUCN协助中国政府部门制订中国生物多样性的保护行动计划，并担任中国环境与发展国际合作委员会（简称"国合会"）生物多样性工作组外方主席。与WWF、IUCN相比，国合会在公众中的知名度并不高，但却是经中国政府批准的非营利、国际性高层政策咨询机构，促进了中国与国际社会在环境和发展领域的交流与互鉴，有直通车的渠道可将政策、建议直达最高层领导和各级决策者。《中国鸟类野外手册》的中文版权就归属于这个机构的生物多样性工作组。

中国是世界上生物多样性最丰富的国家之一，鸟类的多样性更是无与伦比。中国是雉鸡类的分布中心，噪鹛的种数超过世界总数的一半，还有种类繁多的鸦雀、柳莺、朱雀等。但在20世纪90年代初，中国内地还没有适合在野外便捷使用的鸟类图鉴。因为有1996年与尼格尔·希克斯（Nigel Hicks）合作出版的摄影图片版《中国鸟类图册》（*A Photographic Guide to Birds of China including HongKong*）作为前奏曲，牛津大学出版社约请马敬能博士编写中国鸟类手绘图鉴。

的确，没有比马敬能更合适的人选。当时能进入中国的外籍生物学家很少，而马敬能作为WWF在中国的高级顾问，其时已在中国工作长达10年之久，掌握了大量数据；他在业余时间观鸟，对所见的鸟都做详细记录；而且在他早些年出版的东南亚地区鸟类手册中，大量的鸟种在中国也有分布，这都是非常有利的条件。野生动物画家卡伦·菲利普斯（Karen Phillipps）是马敬能多年的好友，两人之前合作了东南亚鸟类手册，卡伦·菲利普斯又为《香港及华南鸟类》绘制了图版，这些图可以直接用在中国内地的手册中。

搜集资料用了很多年的时间。当时国内还没有观鸟基础，鸟类的野外数据有限，郑作新先生的《中国鸟类分布目录》是非常重要的参考资料，国内的专家学者提供了不少的帮助，马敬能的妻子卢和芬也协助收集，把一些关键信息翻译成英文，由马敬能提炼成精要的介绍性文字。

香港回归前，马敬能夫妇和卡伦·菲利普斯移居葡萄牙。新家的生活并不算方便，但有荒野的感觉，院子很大，有各种树木和野花杂草，院子里没有喷洒任何农药，大自然的生命力就无拘无束地释放了出来，无花果熟了的时候，金黄鹂在树间觅食。马敬能给新家起名为"Casa Papa-figo"，是葡萄牙语"金黄鹂之屋"的意思。有一天马敬能和女儿回到家中，突然拿着蛇给卢和芬看，差点把她吓晕过去。

从中国香港、葡萄牙到英国，马敬能完成了书稿，卢和芬逐条输入电脑。就这样，收录1329种鸟类的英文版《中国鸟类野外手册》（*A Field Guide to the Birds of China*）终于完成了。

值得一提的是，当时国内学界沿用的鸟类分类系统基于形态学，相对陈旧。1990年，查尔斯·希伯利（Charles G. Sibley）等根据DNA的研究成果，对世界鸟类分类做了系统的修订，出版了《世界鸟类的分布与分类》（*Distribution and Taxonomy of Birds of the World*）一书，马敬能在编写手册时参考了这个新的分类，并在书中做了关于调整的说明，这为学界和爱好者与国际接轨做了很关键的铺垫。在几百个亚种的收录上，作者与卡伦·菲利普斯也花了相当大的精力，以至于这些年不少由亚种提升至种的鸟，依然是这本工具书当年所囊括的。

就在英文版定稿的同时，卢和芬开始着手将其翻译成中文，希望以此在中国培养基层的研究、保护力量，通过普及观鸟，引导公众保护鸟类和它们栖息的环境。

工具书的翻译绝非易事。卢和芬并非生物专业出身，过去对鸟的认识也局限在喜鹊、乌鸦、麻雀之类的常见鸟，把英文名称对应到中文，困难不少，更别说鸟种中文名里的生僻字，鸟友们至今还争论不休，比如"鹏"的读音。好在中国科学院动物所何芬奇研究员和解焱博士提供了当时的中国鸟类名录，帮马敬能夫妇补充参考资料，并对中文版做了全篇校订。

鸟儿无处不在，即便是上海外滩，每年冬天都会迎来大批的鸥类在此越冬

为了定价尽可能低，让更多人买得起，作者和译者都没有收取中文版版税，牛津大学出版社提供了优惠的版权授权，世界银行和WWF等机构也资助了手册出版。

《中国鸟类野外手册》对观鸟的普及起到了极大的推动作用，近20年来，观鸟运动早已星火燎原，在一些省市进入中小学课堂，观鸟比赛和观鸟节也不断涌现。观鸟运动的普及，让当年《中国鸟类野外手册》标记的鸟类分布范围不断刷新，野外记录的鸟种数量也不断刷新。当马敬能夫妇开始着手修订《中国鸟类野外手册》时，困扰他们的问题与20多年前恰恰相反——鸟类的野外数据是海量的，这增加了处理的难度。与此同时，完全由中国鸟类学者、自然艺术家编写、绘制的《中国鸟类观察手册》也在2021年初面世，收录鸟种1491种，其中绝大多数鸟类分布新记录是由观鸟爱好者贡献的，这正是《中国鸟类野外手册》出版近20年来的价值体现——观鸟在中国开始成为公民科学。

观鸟活动在中国得以推广，和《中国鸟类野外手册》这本工具书的出版有着相当密切的关系

6
他　方

从东北亚到大洋洲，迁徙鸟类南来北往，世世代代履行着与地球的约定，我也在这条迁徙路线上记录了些许来自荒野的传奇，以外来者的视角观察当地的自然、社会、文化。

日本北海道

熊出没，请拍手

我对熊科成员一直充满敬畏，比如在黑龙江伊春林区听老知青讲过熊瞎子的故事——深山老林里，熊会从人背后拍一下肩膀，一旦人习惯性地转身，立马丧命。所以，在林区千万不要从背后拍人肩膀。

而在青藏高原各种人兽冲突中，棕熊肇事总是直接导致死伤事故，抵御的手段似乎总也敌不过它们的智慧，我曾拜访山水自然保护中心在青海玉树的野外工作站，肇事物种分析图就贴在墙上，包括雪豹、棕熊和狼。几个月后，棕熊真的来了，在那张图面前演示了它对人类财产的破坏，还留下了可以用于研究的粪便和毛发，算是补偿吧。

我还在秦岭长青保护区第一次亲眼看到了亚洲黑熊留下的采食平台：它们爬上树吃果子，撇下的树枝就塞到屁股底下，离开时就会留下"巢"一样的作品。说真的，我当时只想着赶紧离开。

事实上，由于熊掌、活熊取胆刺激的盗猎，在秦岭遇见亚洲黑熊的概率比大熊猫低多了。而在曾与欧亚大陆相连的北海道知床半岛，棕熊还保持着极高的遇见率。在海平面还没上升的遥远年代，棕熊扩散到了这里，并一直过着最幸福的生活。2018年初秋，我和家人来到这里。

"动物注意""熊出没注意""狐狸出没注意""野鹿飞出注意"……在知床

宇登吕的大嘴乌鸦

半岛，公路边不断闪出有这样文字的路标，有些还配合着动物的剪影。知床半岛位于北海道东北部，与北方四岛（即南千岛群岛）只隔着根室海峡。早在1964年，知床半岛就划定为日本的国家公园，2005年成为世界自然遗产。

我们住在离女满别机场近3小时车程的温泉小镇宇登吕，这里是探索知床半岛的大本营。车站旁，有条小河顺着山谷一直流入大海，原本平静的水面因为大马哈鱼洄游变得热闹起来，一家人顾不上休息，把行李堆在一起就在河边欣赏起来。逆水而上的大马哈鱼，有的已经遍体鳞伤，即使这样都不能有丝毫松懈，看到有的个体被湍急的河水冲回下游，我真想下河去帮一把。

我一边欣赏阳光下的洄游盛况，一边操心：大马哈鱼如果引来了棕熊，我们往哪里跑？

当天下午的行程，注定是难忘的。航行在鄂霍次克海上，欣赏知床半岛的风光，寻找在河口觅食的棕熊。

洄游中的大马哈鱼

出海观察棕熊，一是短时间内覆盖的范围广，概率高；二是安全，在我的认知范围内，没有比熊科成员更危险的兽类。

出发前我在宇登吕的一家游船公司官网上查询到，每天有两班出海去茹莎湾观熊的航程，自2004年以来的观熊数据，目击数量、单独的个体和母子熊的数量以及遇见率，一目了然。总体上看，7—8月遇见率最高，6月和9月次之，我们到访前的1天，居然记录到了8只棕熊。无论是目击概率，还是这家公司对数据的专业态度，都让我觉得踏实。

唯一不放心的是海上的天气，我邮件沟通后决定抵达宇登吕的下午就出海，万一天气不佳，第二天还有机会。不管是出海找熊还是观鲸都只需要邮件预订登记，无须预付押金，只不过这些公司都要求在出发前再次写邮件确认第二天的行程，否则自动取消，在旅途中还要惦记着写邮件，这让我感到压力。信任与遵守承诺，在日本社会更被看重。

广播点名，按预约顺序排队走向码头，下午3时准时启航，日本人的严谨体现在每一个细节。

航行在鄂霍次克海上欣赏知床半岛的初秋景色，别有一番味道。清冷的海风掠过海洋运动和火山活动带来的奇妙景观，瀑布从茂密的森林中垂直泻下，汇入碧玉似的海水中。

约莫过了半个小时，主角出现了，一个黑色的影子从河口的礁石间跳了出来，抖了抖身上的水珠，因为总是把头埋进水里捉鱼，毛发被浸湿，棕熊像是戴了一个黝黑的面罩，它灵活地在礁石上跳来跳去，昂头、踱步蹚过浅滩的那一刻，霸气十足。没错，它们是原住民阿伊努人眼中大地尽头的霸主。

海浪拍打着礁石，棕熊埋头捕捉大马哈鱼，海鸥、乌鸦飞过，一群丑鸭随着海浪起起伏伏，一切就是这么美妙，儿时在《动物世界》中看到的场景，如今就在眼前发生着。

沿岸礁石上站满了海鸬鹚和暗绿背鸬鹚

拍摄棕熊在河口捕食大马哈鱼时，丑鸭也意外地出现在镜头中

　　大马哈鱼的数量实在太可观，棕熊的捕食成本大大降低。稍在水里扑腾几下，一条大鱼就咬在嘴里了。它走到哪里，乌鸦就跟着到哪里，等候着被抛弃的残骸。在青藏高原的棕熊和乌鸦倘若知道它们的同类在北海道获取蛋白质如此轻松，该有多眼红。

　　两个半小时的航程很难忘，我们至少看到 5 只棕熊，包括一只幼年个体，当熊出现时，船总会慢慢地靠岸，甚至在浅滩上贴着石块滑行，以便我们可以更近距离地观察。我还在颠簸的船上记录到几个鸟种——海鸬鹚、暗绿背鸬鹚、黑喉潜鸟、丑鸭。还有三趾鸥，春节我在四川德阳拍到过第一年冬羽的个体，这次看过瘾了。遗憾的是，岸边满是被海浪推上来的垃圾，梅花鹿还在其间觅食。即使走到天涯海角，人对自然的破坏也总是那么让人生厌。

　　第二天，我们前往知床五湖——半岛最热门的景点，大海、森林、湖泊、高山，单独看局部，似乎平淡，组合在一起却是绝妙。

知床五湖

　　观光巴士载着成群的游客通过免费的步道观赏一湖，帮他们完成到此一游的心愿。我们一家人都很喜欢沉浸在森林中，在访客中心登记后购买了250日元一张的门票徒步五湖，全程也就3公里；还可以选择更短的路线，绕一湖一圈1.6公里。但如果是在每年5月10日至7月31日的棕熊活动期到访，则必须聘请注册向导带领，每位成年人至少4500日元。

　　出发前还有10多分钟的培训。五个湖泊路线怎么走，最近可以关注什么鸟等等，最关键的还是预防与棕熊相遇：除了水、茶，不能带任何食物和含糖饮料，以免招引它们；随时发出声响，可以买一个防熊铃铛，也可以边走边拍手，或者喊出声来，"嗨——嗨嗨——嗨嗨"，出发前向导安慰我们说，五湖最后一次目击棕熊已经是近一个月前了。

访客中心入口的棕熊标本提醒游客：一定不要携带食物进入，棕熊一旦记住了人类食物的味道，它就总会从人那里抢吃的，或者入侵住房、汽车，这让后来的游客和居民处于危险之中，有时被迫杀死棕熊

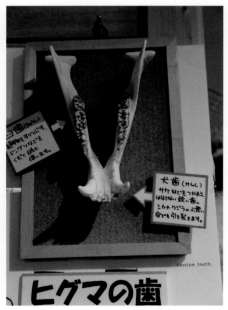

棕熊的犬齿、臼齿

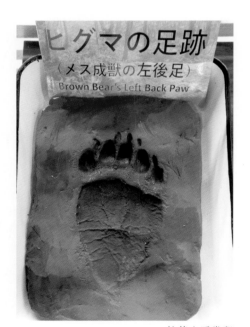

棕熊左后掌印

梅花鹿北海道亚种，又被称为虾夷鹿

　　林间只是泥土路，没有硬化的路面，没有垃圾桶和厕所，把人对自然的影响降到了最低程度。即使是观赏湖面的平台，也只有几块木板搭建，我们在逼仄的平台欣赏湖景并没有感到局促，相反更为这样周到的保护而庆幸。遗憾的是，受限于公共交通和公园开放时间，进入公园时鸟儿已经不那么活跃，我只记录到灰头鹀、远东山雀、褐头山雀、小星头啄木鸟这些比较常见的林鸟，还有褪去繁殖羽的鸳鸯，几位欧洲观鸟爱好者看到鸳鸯倒是很兴奋。杂色山雀出现时，我像是看到了老朋友，上一次遇见还是在2014年的东京，它们还一度于迁徙季神奇地出现在中国东部沿海，给了鸟友们不小的惊喜。一路上我期待黑啄木鸟现身，那是我家乡也有的鸟，可惜没有遇见。

　　我们在公园里慢慢走，不断地被后来的游客超越，这么静谧的森林，不慢下来实在对不住大自然。行程过半，父亲很享受森林里的清新空气，母亲一路不断地发现各种蘑菇，妻子对时不时露出的湖面赞不绝口，我，其实有点失落——没有找到赤狐北海道亚种，也许是人太多，又是拍巴掌，又是摇铃铛，再喊上两声，有鸟儿看就不错了。

　　梅花鹿出现在栈道边，柳暗花明。我慢下脚步，猫着腰慢慢靠近，身后的游客也跟着慢了下来，一会儿工夫排了长长一队，终于有人打破了平静——从另一侧朝鹿走来，这鹿一点儿也不怕人，自顾自地吃着，我和身后的游客相视一笑。

就要离开五湖时，一只白尾海雕盘旋在海岸线上空。厚重的岩石矗立着，任凭海浪拍打。知床连岳，静静地，等待让秋天的风把满山的绿吹红。

从高架桥告别五湖时，我回头再看看刚刚走出的那片森林，总觉得意犹未尽，没有看到棕熊，算是幸运的事吗？

返回宇登吕前，我们慢慢悠悠地在游客商店品尝了鹿肉汉堡——由于没有天敌，梅花鹿的数量必须得由人来调节，避免种群数量超过环境承载力，以维持种群的活力，售卖鹿肉制品的收入又能反哺自然保护。可惜汉堡的味道令人失望，不及麦当劳巨无霸；此后我们又在川汤温泉的餐馆尝试了鹿肉料理，也很一般，或许是曹雪芹对雪天赏梅赋诗饮酒吃鹿肉的刻画太诱人，我们无法在现实场景里超越《红楼梦》吧。

日暮时分的知床半岛

惊鸿一瞥是鲸虹

旅途中最难忘的体验总是在路上。

在规划北海道知床半岛旅行时，我就对从宇登吕到罗臼的横断道路充满期待。罗臼是日本著名的观鲸胜地，但交通并不算方便，在罗臼岳脚下穿行两地的巴士只在夏秋两季运行4个月，每天仅仅两班，我们一家人担心买不到车票，早早抵达车站，没想到，巴士成了我们的专车。

窗外红叶星星点点，与路边白色的桦树是绝妙的搭配。半路上的观景台可以仰视罗臼峰，山下就是紧邻根室海峡的罗臼。海天交接处是北方四岛，它们浮在海面，露出淡淡的远影。只可惜视野在森林和大海中不断切换的车程，只有不到1个小时。

即便是中午，渔港小镇罗臼也没什么行人，一家人拖着拉杆箱发出的噪音似乎就是最大的动静。

抵达知床自然旅行社的办公室，我终于松了口气。北海道的公共交通并不发达，特别是人口稀薄的道东地区，一旦错过某一班车，随后的行程都要受到影响。

经营旅行社的长谷川正人是第四代渔民，家族的轨迹在他身上改变。自2006年起，长谷川开始带领游客观鲸，从每年5月一直经营到10月；冬季则出海观赏栖息在流冰上的虎头海雕。十多年的观测数据，让我们对鲸豚在罗臼附近海域的季节分布有了大致的了解——从 5 月到 10 月都易见的是白腰鼠海豚；五六月份虎鲸和小须鲸遇见率高；7 月至 9 月是观察抹香鲸的旺季；贝氏喙鲸没有明显的波动，遇见率始终比较低。

从港口出发后，长谷川的兴致一直很高，抑扬顿挫地讲解着，可惜我不懂日语，只能等助手和日本游客交流过后，再用英语向我们介绍。

航行在根室海峡，白腰鼠海豚现身了，助手兴奋地指着船头 2 点钟方向，兴奋地叫我快看。白腰鼠海豚身手敏捷，飞一般在海面上闪现，尖尖的背鳍露出水面，每次只有一瞥的机会。

我手忙脚乱，又想观鲸，又想观海鸟，可时不时飞过的银鸥和灰背鸥总是会干扰注意力。航行中的颠簸让我没法使用望远镜，但好在很快有了新的目标——角嘴海雀，其繁殖羽虽然已经脱落，但特征还是很好辨认。它们三五成群，随波逐流，对渔船也不惧怕。而偶尔在此被记录的信天翁始终没有出现过。

渔港小镇罗臼

长谷川的助手在讲解刚刚出现的白腰鼠海豚

　　船长发现了目标，立马掉转方向，我站在船头，远远地望见一根木头漂浮在海面上，喷出了水汽！

　　在海上识别抹香鲸最简便的方式就是看喷气的方向，它那裂缝般的喷气孔位于头部的左侧，倾斜且像树丛的喷气远远地就能看清。抹香鲸！它每隔40分钟浮到水面换气5分钟左右，这是我们观察的时机。

　　距离这根"大木头"还有100多米时，船长关掉了发动机，海浪拍打着船舷，船身不断摇摆着，一船的游客都静静地欣赏着抹香鲸的呼吸。喷出的水雾中，居然有彩虹出现。这可是"鲸虹"！由于海水的折射率不同，"鲸虹"出现的概率比较低。

　　鲸的呼吸伴着海浪，还有海鸥的歌声，如果能一直听下去该有多美妙。

　　最后一次换气后，抹香鲸宽大的额头埋进了海水，尾部举了起来，这是最

在观鲸船上我们有机会近距离观察抹香鲸

精彩的时刻，但这也代表着告别——它会迅速深潜。为了避免过多打扰，我们得返程了。助手介绍说，当地多年来已经累计记录到200多头雄性个体，但从未记录到雌性和幼年个体，也许是水温偏低的缘故吧。

这两年，观鲸对鲸豚安全的威胁和习性的影响受到越来越多的关注。比如在斯里兰卡的亭可马里，一些经营者完全不顾及鲸的安危，简单、粗暴、迅速、直接地插入它们的前进路线，挡住其去路"截和"，甚至在追赶中直接撞上刚刚浮出水面换气的鲸。而国际通行的观鲸规则要求游船主动接近鲸豚时必须在100米或150米外，更不能堵住它们的去路。另外，探测鲸豚的声呐设备，以及游船发出的噪声，也都会干扰到鲸豚的正常行为，必须控制游船的数量和停留时间，以最大限度地减少干扰。

当我们在讨论观鲸的负面影响时，不得不正视一个更糟糕的话题——日本

正式退出了国际捕鲸委员会（IWC），于2019年7月1日恢复了商业捕鲸。IWC的《全球禁止捕鲸公约》于1986年正式生效，尽管公约并没能限制全部国家，还留下了以"科研"为目的的政策缺口，但大规模的商业捕鲸就此偃旗息鼓。在此之前的二百多年间，鲸油曾经照亮城市的夜晚，被制成肥皂、润滑油，充满生机的大海因此变得血腥而寂静。鲸的命运开始出现转机，当然有环保意识觉醒的因素，但最根本的驱动力还是经济：19世纪中期，鲸油逐步被更易获得的煤气、煤油、石油取代。

"二战"结束后，鲸肉为贫穷的日本提供了廉价的蛋白质。但在20世纪60年代初以后，随着其他肉类价格的下降，鲸肉销量下滑。我在日本的水产市场和超市都看到有切割的鲸肉售卖，量不多，价格也不高。

有观点认为，日本政客不惜牺牲国际形象，坚持恢复捕鲸，并不是出于经济利益，也并非真的为了传统文化，而是要讨好渔业选区、谋取政治利益，毕竟日本是高度依赖渔业资源的国家，而秋刀鱼、乌贼、蓝鳍金枪鱼这些畅销的海鲜也都是鲸的捕食对象。

我想，站在保护立场上的日本民众一定

鲸虹

抹香鲸下潜前会做出最优美的"举尾"

会为政府的抉择感到愤怒和羞愧，在某种程度上一如我们对穿山甲等濒危物种的负罪感一样。也许，观鲸业的发展，有可能再一次从经济上驱动这些海洋兽类的命运发生转变。

黑夜隐者出没

在全世界约200种猫头鹰中，以鱼为主食的渔鸮有7种，中国有其中的3种：曾广泛出没于东部、后退缩至西南山地的黄脚渔鸮，分布于两广、云南及海南的褐渔鸮，都是无数观鸟爱好者苦苦寻觅的黑夜隐者，而历史上在中国东北广泛分布的毛腿渔鸮近年来已经销声匿迹。

毛腿渔鸮是世界上体型最大的猫头鹰之一，成年体长约70厘米，体重可达4.5公斤，翼展近2米。由于生活在俄罗斯东部、朝鲜半岛和北海道等寒冷地区，它们的腿（跗蹠）上有长毛御寒，也因此而得名。在北海道东部地区旅行，毛腿渔鸮自然是不可错过的明星物种。

早就听闻北海道知床半岛罗臼町一家投食招引毛腿渔鸮的民宿"鹫之宿"一位难求，特别是冬季，大量摄影爱好者涌入，在拍摄虎头海雕、丹顶鹤的同时，也特地来此拍摄毛腿渔鸮，往往需要提前一年预订。不料，出发前几日北海道地震，我正纠结是否取消行程时收到了民宿的回复，对方安慰我说，由于距离震中遥远，供电只是短暂中断，宇登吕到罗臼的巴士也正常运行，我这才松了一口气。

猫头鹰在日本是吉祥的象征，毛腿渔鸮更是北海道原住民阿伊努人的村寨守护神，一路上我们见到各种各样的毛腿渔鸮艺术品，对见到其真身就更期待

在为客人准备晚餐的同时，女主人还不断地接到预订电话，
我们到访时，第二年春节的机位都已经预订满了

鹫之宿的猫头鹰木雕

毛腿渔鸮曾在东北地区广泛分布，目前仅有可能残存于小兴安岭。北海道的种群也仅剩 100 多只

了。然而，即使在北海道，毛腿渔鸮也仅存 100 多只。

与温泉酒店职业化又冷淡的服务不同，在罗臼的民宿，我们受到了家人一般的照料，男主人专门开车来罗臼小镇上接我们，车窗外是黄昏时分的根室海峡，还有静静的山丘。目的地很快就到了，一条终年流淌不结冰的小河从山谷涌出，汇入大海，民宿就在岸边，一栋两层小楼，两间集装箱大小的平房上开满了对着溪流的窗户。再往里走一小段，就是禁止入内的保护区了。

估计是地震影响了不少客人的行程，我们住进了景观最理想的小屋，父母的房间就正对着小河，大马哈鱼正在石头间跳跃着洄游，坐在榻榻米上就能等候毛腿渔鸮的光临。

"鸮之宿"所处的位置曾经是一家水产加工厂，丰富的食物总是吸引着毛腿渔鸮的光临。工厂废弃后，夫妇二人在此建立了民宿。1996 年来自札幌的客人寻觅到这里，自带照明设备来拍摄。随着摄影师越来越多，毛腿渔鸮受到了干扰，光临的次数、停留的时间少了许多。

于是夫妇萌生了一个想法，在门前的这条小河里砌了一个水坑，每天都会往里投放山女鳟等活鱼，还在周围架起两盏灯，即使到了夜晚，也能够满足拍摄对光线的要求。生活在附近的毛腿渔鸮夜晚都会比较规律地来捕鱼，特别是每年的5月至8月，为了哺育新生的幼鸟，毛腿渔鸮会频繁光顾，最多可达20次，其他季节次数会少很多，甚至一次都不出现。

晚饭前，男主人用夸张的肢体语言辅以英文单词，向我们介绍观察毛腿渔鸮的设施，着急时又是一番日语。据说，毛腿渔鸮的视野比较狭小，视觉敏感区域只有10度左右，河边高高架起的照明灯，相对于溪流超过30度，不会让毛腿渔鸮感到刺眼。摄影师将快门速度设置为1/80秒就能记录到毛腿渔鸮的行为，即使是全画幅机身，500mm的长焦镜头已经足够。男主人特别叮嘱我们晚饭后不能在室外随意走动，拍摄时须关掉对焦辅助灯，更不能使用闪光灯。

一顿丰盛可口的晚餐后，天也黑了，我和妻子静静地守在室内等待。听说毛腿渔鸮也可能一整夜都不出现，想看到它完全要靠运气。坦率地说，因为是观看投食招引的野生动物，我们总觉得少了自然探索的乐趣，但一群梅花鹿的突然出现让这样的情绪瞬间消散。它们踮着脚，小心翼翼地通过水坑，吃几口野草就抬起头来观察一下环境，又沿着河慢慢地朝山下走去了。

已近深秋，气温下降得很快，主人打开了暖风机，就道晚安了。我们已经守候了3个小时，主角还没有现身，我们的情绪又低落下来。据说前一晚毛腿渔鸮直到夜里2点才光顾，要不要再等下去呢？就在此时，一个巨大的黑影在溪流上空飞过，无声无息。我们顿时来了精神，很快，毛腿渔鸮落在了溪流边的树上，当它落定转身时，一双黄灿灿的大眼睛在脸盘上格外显眼，硕大的身躯让人忘记了它是一只鸟。

似乎是知道我拍够了照片，毛腿渔鸮头向前一探，纵身跳进水坑，像一团棉花落地似的，没有一点声响。它一口咬住猎物，轻松地吞咽了下去。紧接着

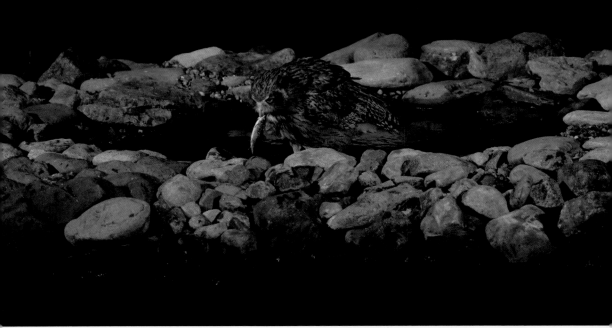

毛腿渔鸮以鱼类为食，也猎取虾、蟹、龟等

它又用粗壮而锋利的爪子抓起第二条鱼下肚，之后猛地一跃，飞进了黑漆漆的山谷。从出现到离去，一共才5分钟。

"鸮之宿"展示着多年来被摄影师记录到的个体，一共14只。每一只都佩戴着对应的足环，我拍到的毛腿渔鸮戴着刻有WW字样的金色足环，是2014年出生的个体。它虽然到了性成熟的年龄，但未来却布满着荆棘。

在北海道100多年的开发历史中，"人进鸟退"在毛腿渔鸮身上体现得最为显著。先是平原地区河流两岸的森林被大面积砍伐，用来发展农牧业，毛腿渔鸮繁殖所依赖的树洞消失了；水利工程的修建让河流的生命力衰退，鱼类也被大量捕捞，它们的食物也在减少。原本在北海道札幌地区都有分布的毛腿渔鸮慢慢地在人们的视野中消失了，退缩到还保留着大树、溪流的北海道东部地区，主要集中在知床半岛。

20世纪80年代以来，毛腿渔鸮的命运终于开始逆转。这里建立了专门的保护区，通过人工巢箱、人工补饲缓解了它的生存危机。可是，作为食物链上游的捕食者，一对毛腿渔鸮至少需要15平方公里的领域支撑，但多数栖息地被分割成孤岛，近亲繁殖的概率大大增加，种群复兴的前景令人担忧。我们拍到的这只渔鸮，能找到真正适合的伴侣吗？

　　其实，对毛腿渔鸮造成负面影响的还有鸟类摄影。这些年，像我这样从世界各地涌入北海道拍摄毛腿渔鸮的观光客越来越多，有的人完全不遵守自然摄影的准则，不择手段拍摄孵化、育雏的家庭，甚至导致亲鸟弃巢。即使是"鸮之宿"这样还算谨慎经营、为入住的摄影爱好者和观光客提供了不错的自然体验的民宿，在日本国内也受到不小的质疑。

　　第二天早起，女主人已经带着帮手为客人们准备好了早餐，大家一边享用美味，一边谈论着前一夜的收获。能在温馨的民宿体验到自然的魅力，父母也非常开心，还向邻座展示前夜手机拍到的梅花鹿。

　　在车站，妈妈挽着送行的女主人合影，依依不舍，同样是为了家庭默默奉献的母亲，即便无法交流，也有很多默契。我心里默默地祝福这位已经69岁的女主人，愿她照顾好这里的一切吧。

等待毛腿渔鸮的过程中，一群梅花鹿沿着溪流走到了我们面前

婆罗洲：雨林奔腾

婆罗洲，曾经好遥远的名字。抵达的第一夜，我就被这里的野生动物包围着，度假村咖啡吧的芭蕉叶上不难找到三四种雨蛙，冠斑犀鸟总固定选择一棵大树过夜，树下就是我和妻子回房间的必经之路。

赤道穿过的这片热土，终年只有旱季和雨季之分，极端的气候造就了神奇，它的辽阔仅次于亚马孙雨林。

奔腾的河

6 月的一天正午，我和妻子从婆罗洲东海岸的港口城市山打根出发，毒辣的阳光在水泥路上更刺眼，一路都是油棕，我突然沮丧起来，想到了西双版纳，疯狂的橡胶占领了一座座山头……在绿色沙漠里我昏然入梦。

雨水敲打着车窗，我在颠簸中醒来，清新的空气即刻赶走疲惫，满眼的绿色层层叠叠，而非油棕林的惨绿，苏考（Sukau）到了，京那巴登岸河（Kinabatangan River）上游的这个小村镇聚集了世界各地的生态观光客，都是为了来观赏热带雨林的野生动物。一对法国夫妇是摄影爱好者，喜欢模仿当地人说英语的腔调；新婚的瑞士夫妇来这里度蜜月，只比我们晚离开一天就近距离

白唇水蛙

看到了大象；最热闹的是一群日本长者，晚餐时总喜欢喝酒唱歌。

我们在苏考生态观光（SUKAU GREENVIEW）旅行公司预订了三天两夜的行程，看着小黑板上排满的项目：乘船巡游、夜巡、探访牛轭湖、雨林徒步……心里满满的期待。我们住的小木屋对面就是婆罗洲最长的河：京那巴登岸河。乌云压在河面上，土黄色的河水夹杂着朽木、水葫芦奔流，汽艇在其间穿梭。自然的野性也从房间的水龙头里流出——沉淀后的河水微微泛黄，洗过澡后，头发和毛巾都裹了淡淡的细泥，黏糊糊的。

稍事休息后，巡河开始，雨也渐停。艾肯是我们此行的向导，又黑又胖，裹着巴西队球衣。我心里打鼓，他能带我们找到野生动物吗？

位于山打根的雨林探索中心

京那巴登岸河

红猩猩

　　逆河而上，雨雾渐渐消散。

　　在野外看到红猩猩是我此行最大的愿望，一开船，我就和艾肯聊起红猩猩，南京的动物园有一只名气很大，一出生妈妈就不喂养它，是在医院的育婴箱里熬过了最艰难的日子。今天能看到红猩猩吗？每到野外，我都忍不住拿这个最幼稚也最功利的问题问向导，没想到艾肯拍着胸脯向我允诺，当天早晨他刚带人找到了红猩猩，应该没走远。

　　巡河的好运气从一只黑斑犀鸟开始。真佩服向导的好眼力，密不透风的丛林里，它正用大嘴整理潮湿的羽毛。不管是营巢还是觅食，犀鸟都依赖成片的完整森林。全世界犀鸟约有55种，苏考就能见到8种，足见当地生态系统的重要价值。有点遗憾的是，我们没能找到盔犀鸟——它的头骨被用来雕刻成工艺

洋红叶猴

西比洛猩猩救护中心救助的红猩猩

品，甚至是"佛珠""佛像"，这是多么荒唐。在盗猎、栖息地丧失的双重压力之下，盔犀鸟距离野外灭绝只有一步之遥。

快艇驶入河汊，视野顿时收窄，时不时地需要低下头免得被红树林树枝划伤，一条黄环林蛇盘在树梢上休息，我凑上前去拍照，它丝毫不理睬。"有毒吗？"大家跟着一阵狂拍后我突然问。"当然，不过只有一点儿。"我和向导的一问一答惹得大家都笑了。

好运气接踵而至。艾肯的同行发现了在树冠玩耍的红猩猩，我们赶紧开船凑过去观察，枝头一晃一晃的，一只红猩猩挺着大肚皮，一边摘无花果，一边表演平衡术，时不时地摸摸肚子，根本不在意我们的到来，间或吮一吮手指，直到吃得心满意足，才荡秋千般钻进密林。婆罗洲大约400种水果都是它的食物，而在水果匮乏的季节，它们也会取食昆虫、鸟蛋。在马来语中红猩猩叫

"Orang-utan"，意思是"森林中的人"，当地有个传说，祖先死后都会变成红猩猩，到森林深处去生活，一直守护着森林。

和犀鸟一样，红猩猩也需要成片的森林栖息、觅食、繁衍，它曾经广泛分布于亚洲东南部，如今退缩到婆罗洲和相邻的苏门答腊岛，栖息地还在不断萎缩。

艾肯指着大树上一处干枯的大"鸟巢"说，这其实是红猩猩曾经睡过觉的地方，和我们人类一样，红猩猩也喜欢在"床"上睡觉，而且几乎每睡一觉都要换一棵大树，手臂长而粗壮的它们会在天黑前，折下较细小的枝条，在树干上铺出一米宽的床。可惜我们没有观察到红猩猩铺床的一幕，想起多年前在秦岭时，巡护员带着我发现亚洲黑熊爬树吃果子留下枯枝搭起的采食平台，这些大个子的形象在我心里更可爱了。

长鼻猴

长鼻猴是京那巴登岸河两岸最容易遇见的灵长类，也是婆罗洲的标志性物种，在红树林里生存，进化出了可以游泳的蹼。

黄昏时分，艾肯很快发现了一群长鼻猴，指挥汽艇慢慢靠近。猴群没有一点儿不安，成年的成员忙着进食，小崽们你追我赶。

一只雄性长鼻猴总是背对着我摘树叶，背部红褐色的毛发油光，像是穿了一件马甲，屁股上的白色毛发对比很鲜明，远看就是一条白色的内裤。

这家伙终于露出了胡萝卜般的大鼻子，真有点碍事，它习惯性地用手背撑起鼻子，把树叶塞进嘴里，肚子越发圆滚。环顾四下，猴群里都是这样的大肚子，原来红树林树叶营养价值低，还有毒，长鼻猴的消化系统也与其他大多数灵长动物有所不同——大而分室的胃部充满大量发酵食物的菌群，能帮助它们消化。

长鼻猴

猴群中更多的是雌性，鼻子外凸，鼻头很尖，那剪影活像老电影里刻薄的中世纪欧洲贵妇。当地人称呼长鼻猴为"Orang belanda"，即"荷兰人"，大概是因为它们大鼻子、大肚子的形象和当年的探险者很像吧。

一连两天在晨昏时分看到长鼻猴安详地群聚在河边觅食休憩，告别时一只年轻的成员正举手伸懒腰。心中默默祝愿，你们的好日子一定要长久下去。

星空下

京那巴登岸河的夜，实在醉人。

凉爽的风里夹着点点灯光，满天的星星压在我们头顶，乘船夜巡，银河下，人是那样渺小。

朽木在河面上翻滚着，向导很快就带我们在其间找到了湾鳄，我惊喜万分，连忙起身拍照，妻子担心我的安全，正要拉我坐下时，这凶猛的家伙居然一溜烟钻进水里不出来了。

　　两位向导举着探照灯在宽阔的河面上扫来扫去，一发现猎物马上关闭马达，整个河面迅速静下来。我们先后观察到两种华丽的翠鸟科成员——鹳嘴翡翠和蓝耳翠鸟，前者嘴巴的长度和脑袋相当，覆盖着红色的蜡膜，就像白鹳的大嘴，难怪有这么霸道的名字；后者在西双版纳有极少的记录，婆罗洲的夜晚却不难见到。这两种华丽的鸟儿白天都异常警觉，即使发现也难靠近，晚上它们睡觉时可被我们一船观光客看得清清楚楚，距离它最近时不到10米，可还是昂着头，嘴巴朝天，一副高傲的模样。

　　一夜的寻找，没有发现大象的踪迹，我有点失落。这里的亚洲象独自进化成了体型最小的象，是独立的亚种——婆罗洲侏儒象。

鹳嘴翡翠

马来渔鸮

马来渔鸮则给足了面子，这种"大猫"足有半米高，几次三番地露脸，尤其是它们起身寻觅猎物的那一刻，毫无声息地凝聚起全身气力，俯冲下去，若不是亲见，你无法想象棉花坠地的轻，和百步穿杨利箭的锐，是如何矛盾地在它身上融为一体的。

告别苏考的清晨，小船穿过密林进入牛轭湖，阳光穿透树冠洒下星星点点的光斑，"你看，这多像亚马孙的雨林。"艾肯自豪地说。其实，这里已经足够迷人，无须与外界做任何比较。

泰国岗卡章国家公园：
如何与自然相处

2019年的最后一周，我和妈妈逃离拥堵的曼谷，开车3个小时抵达岗卡章（Kaeng Krachan）山脚下。这里是泰国面积最大的国家公园，位于亚洲大陆与马来半岛的交界处，与缅甸相邻，是东南亚著名的观鸟胜地。

旱季的午后，我们入住的度假村（Baan Maka Nature Lodge）满是凋零的落叶，一排小屋在林间并不显眼。服务员放下手中的扫帚，热情地把我和妈妈迎进房间。

壁虎！我兴奋地指着窗户给妈妈看，她吓得不轻。"它们只吃蚊虫。"我连忙安慰道。很快，一只金背松鼠又从屋外的大树上跑远了，松鼠符合多数人的审美，妈妈自然也看得欢喜。这些年父母和我一起感受过观察野生动物的乐趣，但住在没有电视、与国家公园相邻的林间小屋里，对妈妈来说还是第一次。这里出没的野生动物，是值得我们尊重的朋友，是用来炫耀的食物，还是当地真正的主人呢？

自由呼吸的水塘

已经过了午饭的时间，我和妈妈带了些三明治和零食，在度假村池塘边的

与自然融为一体的度假村

凉亭一边休息一边观鸟。水中央挤满了茂盛的芦苇，睡莲几乎铺满了水面，和岸边的灌木连成一整片绿。我还没走到岸边，就看到一只红色胸脯的秧鸡玩命般地在水面飞奔，钻进芦苇丛——红腿斑秧鸡！

我们一边吃东西，一边看着金背松鼠四处乱窜。绿嘴地鹃从头顶的树冠经过，干燥的树叶哗哗地响，斑扇尾鹟时不时从灌丛的枝杈上跃起，贴着水面飞出优美的曲线，然后落回原位。我架起单筒望远镜，对准水鸟给妈妈欣赏：池鹭在睡莲上发呆，其实是在伺机捕猎；铜翅水雉在阳光下亮闪闪地踩着高跷登场，它们非常敏感地观察四周，稍有动静立马逃进灌丛；钳嘴鹳要淡定得多，翻出一只螺，用它钳子一般的嘴卡住，上岸后慢慢啄取——原来对岸的泥泞小路是它走出来的；树上的白胸翡翠、栗头蜂虎的色彩在单筒望远镜的解析下尤其浓艳……我们一边观鸟一边聊天，不知不觉消磨了整个下午。

我仿佛回到了童年时的额尔齐斯河谷，那里也有这样少雨的季节，干燥的

钳嘴鹳

树叶铺满大地，洪水过后留下的一片片水洼就是我们暑假的乐园。这样的景观，似乎已经和我们的日常生活隔膜许久了。近些年新建的湿地公园总是喧宾夺主，大理石、花岗岩、塑胶步道把湿地围成了无法"呼吸"的水坑，游客熙熙攘攘，水鸟却没了。度假村看似简陋的设施，却让我们感到无比心安。对大自然的虔诚访客来说，一条窄窄的步道已经足够舒适，凉亭就是奢侈品了。

入夜，凉风吹拂，我和妈妈在餐厅品尝简单又可口的本地食物。绿咖喱来自度假村旁的农田，一种当季才有的蕨菜配上炒熟的腰果，很是香甜。正值圣诞假期，度假村老板伊恩（Ian）和妻子戴着圣诞帽和每一桌客人交谈。伊恩是英国人，热爱自然，在普吉岛生活了很多年，还做了专门的网站展示在那里的野生动物。他告诉我，度假村前任主人是一位鸟导，所以能从观鸟者的角度建造这个看似简陋，但对鸟类非常友好的度假村，建造过程中尽可能保留了原有的森林和湿地；为了让凌晨5点就要起床的观鸟人睡个好觉，所有的房间都没有电视。

　　的确，我预订房间时收到了伊恩的邮件，信中坦陈度假村没有任何娱乐设施，如果决定取消，可在24小时内免费退款。可这个度假村在缤客（Booking）、雅高达（Agoda）住宿预订平台上一直保持着当地的最高分纪录，我想这都来源于热爱自然的朋友们发自内心的肯定吧。与19种哺乳动物、217种鸟类比邻而居，又有可口的食物、干净的床铺、畅快的热水澡，还要奢求什么呢。

　　晚饭后，我拿着手电在住处附近扫描树冠层，寻找懒猴。我有点害怕，生怕踩到蛇，或者碰到什么麻烦的虫子，只敢沿着小路一边看路一边找，走了一圈，居然在靠近餐厅的大树上发现一只懒猴，手电灯光扫到它时，一双眼睛就像暖色的白炽灯一样耀眼，如同这片森林的生命力一般。懒猴若无其事地沿着

明纹花松鼠

树干觅食，在手电光角度的变化下，"灯泡"在树上一闪一闪的。

迟来的高光时刻

次日天刚亮，向导皮亚克（Piak）开着皮卡车带领我们进入岗卡章国家公园，这位和善的中年大叔皮肤黝黑，会简单的英语，记得各种鸟兽的英文名，口碑很好。

国家公园的正门只是一个小小的售票亭，面向外国人的票价也仅为300泰铢，一辆车的通行费是30泰铢。柏油路通往高山，途中还有供露营和用车的营地。

也许是朋友们往年在岗卡章的所见所得太丰盛，整个上午我有点心急，一直惦记着的马来熊、亚洲胡狼、白掌长臂猿没有出现，万一前方又有豹被我们错过呢？沿路我们看到很多动物的粪便，大象的尤其多，如同路障一样堆在公路上。为了避免与大象狭路相逢引发伤亡事件，这条公路在晚6时到早6时禁止车辆通行。

皮亚克在冠斑犀鸟很活跃的一处开阔地停下车。太阳刚刚翻过山岭，山谷里有些湿冷，40多只犀鸟扑扇着翅膀，呼哧呼哧地从两棵相邻的大树起飞，四散而去。看起来这是犀鸟们夜栖的大本营，因为这里有完整的、连片的热带雨林。

我们在这里停留，最主要的目标是横斑翡翠，皮亚克带着我找了许久，他吹奏着捕猎者领角鸮的鸣叫，一度博得了这种翠鸟的回应，但就是迟迟不现身，我们绝望地听着回应声越来越远。好在黑红阔嘴鸟、银胸丝冠鸟这些高颜值的家伙陆续出现，还有一只大盘尾，它拖着长长的、挂着"铜钱"的丝线尾羽在林间飞过，远处白掌长臂猿的歌声为它伴奏，真是仙极了。

鸟况有些惨淡，陆续抵达的各国鸟友似乎都没找到各自心仪的目标，不行，我得打断一下皮亚克的节奏，提议先去营地附近看猴子——郁乌叶猴。

它们果然是岗卡章最常见的猴子，循着尖叫和剧烈的响动，我们在河边就找到了一大群，大大小小足有20多只。它们的毛发是优雅的高级灰，不太规则的白眼圈，如同萌版的眼镜。尾巴比身子长不少，从树上垂下来，笔直笔直的，在跳跃、跑动时是很好的平衡装备。它们主要以树叶为食，不知道这些食物在旱季的口感是否会差一些。

见过郁乌叶猴，我浮躁的心平静了许多。营地餐厅的饭菜很简单，妈妈回度假村午休，我和皮亚克继续往山上的营地徒步。这是岗卡章真正精华的路段，不少西方鸟友都会以路上的几个水坑为坐标，描述遇见的高光鸟种。据说前些年国家公园在此修路，引起了环保团体的强烈抗议，管理方索性关闭公路，游客只能步行，时不时有巡逻的越野车呼啸而过。这一路遇到的家伙风格迥异：一只橙胸咬鹃静静地站在枝头，淡定地任凭我从各个角度拍摄；一群短尾猴正在河边喝水，听到我们的脚步声，尖叫着冲出树林，飞奔过公路，大大小小足有40多只。

一些高光鸟种都没有出现，回程遇到的鸟友都无精打采的。快要走出这段路时，同住在度假村的瑞士老爷爷急忙向我招手——我一直想见的白掌长臂猿出现了！一只淡黄色的家伙低着头背对我们，挽着树干一动不动。我看了下时间——下午4点半，它八成是睡下了，这笔记录略带遗憾，长臂猿的行动路线有时比较规律，或许第二天还有机会。

我们继续往回走，皮亚克听到了洪亮的叫声，还有沙哑的回应，他兴奋地告诉我："Brown Hornbill（白喉小盔犀鸟）！"这种很难遇见的鸟就在附近。在热带观鸟，森林浓密阴暗，声音是最好的线索。我们对着声音传来的方向挪来挪去，才找到一个视野还不错的窗口。果然有一只犀鸟在树冠上叫着，个头看上去只有双角犀鸟的一半大，身材苗条，眼睛围着白圈，泛着淡淡的蓝，头部到腹部都是棕色，两翼灰黑，挺完美的搭配。好吧，没有横斑翡翠，没有塔

郁乌叶猴

橙胸咬鹃

白喉小盔犀鸟

尾树鹊，没有斑阔嘴鸟，看到一只罕见的犀鸟，至少它在重量上已经完全盖过这三个目标了。

曼谷来的老奶奶

第三天上午，我和妈妈先后去了两个"鸟坑"，蹲守难得一见的特色鸟种。住在度假村的外国鸟友一听说我来自中国，都不约而同提起百花岭的经历，我真的有点尴尬。高黎贡山我去过四次，并未涉足最著名的百花岭，很大程度是因为不喜欢那里地雷阵一般的"鸟坑"——用面包虫、谷物、蜂蜜吸引野鸟，搭建伪装棚供人摄影、观察。比起在图鉴上多勾几个罕见鸟种的记录，我更喜欢边走边看，享受旅途中探索的乐趣。

女主人退休前是居住在曼谷的自然艺术家

自然艺术作品，双角犀鸟（上）、三趾翠鸟（下）

褐胸山鹧鸪

　　因为交通方便，设施完备，岗卡章的鸟坑或许是中国鸟友最早到访的鸟坑，一处鸟坑被称为"老爷爷家"，一处被称为"老奶奶家"。老奶奶是一位自然艺术家，退休后从曼谷移居岗卡章，10多年来一直在细心经营这花园般的庭院。小屋旁边的树上每天都挂着芭蕉，一旁的瓦盆里盛着清水，静静等待鸟儿和松鼠。她向我们展示在画纸、木板、石头上绘制的鸟，还有用树叶编织的工艺品。

　　在攀谈中，老太太带着失落的神情告诉我，这些年来这里的中国鸟友越来越少了，我推测除了没有便捷的网络预订途径外，其他鸟坑高光鸟种的增加也许是更大的原因。聊着聊着，监视器里显示褐胸山鹧鸪小心翼翼地走进了鸟坑，我们赶紧踮着脚进入伪装棚，不一会儿绿脚山鹧鸪和红原鸡也来了。比起大公鸡模样的红原鸡，两种山鹧鸪像是童养媳，躲闪着"大公鸡"觅食。尽管常年被投喂，它们还保持着警觉，我无意间轻声咳嗽了一下，鸡群立刻散去。

　　妈妈不太习惯用双筒望远镜，她很享受躲在伪装棚里用肉眼观察鸟儿的乐

蓝八色鸫

趣。在另一处鸟坑，不管是蓝八色鸫这样的高光鸟种，还是鼷鹿这样的不速之客，都给了她不小的惊喜。

猿声啼不住

　　午后，我再一次前往白掌长臂猿出没的那条路碰运气。

　　在亚洲，长臂猿是热带森林健康与否的指示物种，它们和犀鸟一样，依赖成片的高大乔木。长臂猿在林冠层食用果实，对许多种子的传播起到重要作用。在泰国岗卡章、考艾等国家公园不难见到的白掌长臂猿，在中国绝迹至少30年了，此前我只在动物园见过它们。由于森林的破坏、栖息地破碎化和捕猎，目前中国有野外确切记录的4种长臂猿种群总数还不足1500只，都处在危险的境地。

白掌长臂猿

皮亚克正带着两位印度鸟友观鸟，我向他打听鸟讯，正在此时，长臂猿的歌声响起，我赶紧循着声音往前赶。至少有3只长臂猿在路边不远处的密林里，你呼我应，非常活跃。长臂猿叫声嘹亮，通过叫声来宣示领域和食物、吸引配偶、强化家庭关系。在野外，研究者会爬上山顶，通过声音定位长臂猿。

一位美国鸟友也停下脚步，和我一起欣赏美妙的猿歌。没过几分钟，长臂猿真的从密林中跃出，在我们头顶的大树上翻腾，短暂地停留后，朝着高处奔去。让我兴奋的是，一只母猿挂在树干上停了下来，就在我们眼前！还有一只幼崽紧紧趴在她的胸口，长长的手臂像箍桶一样扒着妈妈的后背！这是一个充满活力的四口之家。

拍完长臂猿，这位美国鸟友激动地告诉我，这些天除了斑阔嘴鸟，他还看到黑豹（豹的黑色型）从路边走过！我只能拿出春节在青海玉树拍到的雪豹视频与他竞争，建议他造访昂赛"大猫谷"，住在牧民家里找雪豹。

这一天夜里，我和妈妈在度假村女主人的带领下夜观。鹰鸮、铅色水蛇相继出场，还有5只懒猴在树冠层闪耀着亮光。这里的环境和云南的西双版纳、德宏是何等相像，可云南早已不是野生动物的平静家园。

离开岗卡章的那个清晨，天还没有亮，几声鸟叫穿透了沉睡的院落，皮亚克又早早地开着皮卡来到度假村，等候他的观鸟客人。如何与自然相处，我在这里又看到了一种答案。

同一片沙滩，海龟的未来

　　瑞卡瓦（Rekawa）海滩，位于斯里兰卡南部海岸，季风掀起的巨浪，让人心生敬畏。绿海龟、玳瑁、红海龟、棱皮龟、太平洋丽龟在这片沙滩繁衍，入夜时，它们冲出大浪，爬上沙滩挖巢产卵。

瑞卡瓦海滩

瑞卡瓦海龟观察中心组织海龟观察活动。每晚8点，突突车就会载着观光客从四面八方赶来，聚集在海边一个僻静的小院里，等待海龟上岸的消息。这是"海龟保护工程"的一部分，该工程依靠当地人运作，为斯里兰卡最重要的一片海龟产卵沙滩提供庇护。工程雇佣的龟巢保护员往往是曾经的海龟蛋偷猎者，他们轮班24小时在海滩上巡逻，确保龟巢免受自然界捕食者和人类的破坏。而雇佣当地人的经费，一部分就来自我们这些观光客，成人1000卢比（约合45元人民币），儿童500卢比，如果没有观察到海龟，观察中心会退还费用。

刚过8点半，消息传来，一只绿海龟先到了！观光客在巡护员的带领下，静悄悄地走进沙滩。为了不打扰海龟筑巢，我们集中在15米开外。海龟上岸的痕迹依稀可见，不能说是足印，简直就是小型推土机碾过的样子——一米多宽，中间一段被龟甲磨平，两侧是爬行前进时四肢滑动的沙痕。

海龟观察项目集结的小屋

漆黑的夜，雨水时大时小，我们和二十多位来自世界各地的观光客，侧耳探听绿海龟筑巢的声音，"沙——沙——"，一阵急促挖出细沙的声音，停顿一会儿后又开工。有儿童等得焦急，试图走上前去，被工作人员拦了下来。一有惊扰，海龟就有可能弃巢而去。

一个小时过去了，兴奋的人群渐渐没了声息，时而密集的雨点，让一行人越来越沉默。忽然海滩上有个模糊的黑影闪过，一阵骚动又瞬间平复，众人笑，原来是只狗。

好事多磨，绿海龟筑的第一个巢坍塌了，它又重新择址，开挖第二个巢穴。"That is nature（这就是大自然）！"躲在我伞下的突突车司机说。我拍了拍他的肩膀，他乡遇知音！不过雨中再等一小时实在难熬。

对海龟来说，在开始挖巢后停下来并返回大海是很常见的，这被称为False Crawl（错误爬行）。当沙子太湿或太干，海龟感觉到它无法筑好一个龟巢，就会保存体力——及时止损，在自然界也有共识。

雨越下越大，也许是沙子越来越重，绿海龟筑巢的动静明显小了很多，两位人高马大的工作人员悄悄跪在海龟身后，用双手帮它筑巢。

终于，绿海龟开始产卵了。海龟在生蛋过程中，对外界的干扰会感到麻木，进入不易被打扰的恍惚模式。这就为我们近距离观察提供了机会。

向导打开手电，光源是红色的，海龟对此并不敏感。

好大一个坑！海龟趴在上面，龟甲后端恰好对着沙坑最深处，白花花的龟卵，逐个儿地滑了出来，像是涂了鸡蛋清的乒乓球。多年在大海里孕育的希望，终于在它出生的沙滩上开始扎根了。卵产完了，绿海龟用一对后肢，奋力将沙子回拨到沙坑，沙子也打在我们脸上，有点疼，这家伙劲儿够大的。

奇妙的是，海龟都会回到它们出生的海滩上筑巢产卵，每个产卵季，海龟会产下3—5窝，每窝大约100只卵，两个月左右小海龟破壳而出。也许是避敌天性使然，它们通常会在夏天夜晚沙温较低时，爬出地面，顺着海浪的声音，

很多动物对红色光源并不敏感，这为我们在暗夜里观察海龟产卵提供了方便

冲进浪花里，奋力向外海游出。据说它们会不停向外游上24小时，以减少被天敌捕食的机会。离开海岸的小海龟会在远海上漂泊，逐渐长大的海龟少年向靠近海岸的珊瑚礁迁徙觅食，15岁至35岁的海龟将做长途迁徙，回到它们出生的这片海滩。

阿桑卡（Asanka）在海边长大，2006年成为龟巢保护员，他骄傲地告诉我，每年一千多只海龟在这个"海龟观察工程"的保护下产卵，前些年他们为雌性绿海龟安装了卫星发射器，监测海龟的活动路线，有的到了印度，有的到了泰国，最令人兴奋的是，其中一只绿海龟每两年都回到瑞卡瓦产卵。因此，保护海龟的最直接的措施，就是保护好它们世世代代繁衍生息的沙滩。

次日早起，我和妻子从美瑞莎（Mirissa）出海观鲸，汹涌的印度洋很快让兴奋的观光客没了声息，一只被渔网缠绕的绿海龟突然出现在不远处，在大浪中时隐时现，船员纵身跳入海中营救，我们的心也悬了起来，可惜海浪太大，

绿海龟前夜产卵的巢穴

绿海龟很快没了踪影。

在过去的300年间，海龟种群数减少了99%，除了人为的捕捉，可供海龟产卵的沙滩的减少、海洋污染、盗挖海龟蛋等都是导致海龟数量急剧减少的原因。

瑞卡瓦的美好记忆渐渐远去，我想，那天夜里和我们一起守候海龟产卵的孩子是幸福的，他们金色的梦里，一定还会有海龟的故事，他们在未来的某一天也会想起这片夜色中的海滩，更懂得野性的生灵就应该在大自然中搏击，而不是被豢养在牢笼中。

新西兰

奥塔哥半岛一日：
风浪、月夜和它们

纯净的新西兰，是很多人心仪的旅游目的地，我更喜欢它野性的一面。

位于南岛东海岸的达尼丁（Dunedin）机场，是我 2019 年国庆节假期在新西兰自驾的起点，提取行李时，半米多高的黄眼企鹅标本就立在行李转盘中间，宣示着野生动物的地位。在达尼丁这座野生动物之都，壁画、雕塑，甚至教堂彩色玻璃画上，都有当地野生动物的形象。这有点像熊猫在成都被尊崇的感觉，只不过达尼丁不是观光客的热门目的地。

遇见 Mum 的后代

初春的达尼丁下了一整夜雨，湿冷的风吹响风铃，还有簇胸吸蜜鸟的婉转歌声，都在催人早起。从市区到奥塔哥半岛（Otago Peninsula）只有半小时的车程，但我和妻子都低估了海边和市区的温差。

这座火山喷发形成的半岛有沙滩、山崖、沼泽湿地，还有森林、牧场、农田，环境的多样性让这里成为野生动物的天堂。在"鸟生"微信公众号主编"红嘴蓝鹊"和"鹰之舞"的推荐下，我们的第一站从寻找新西兰海狮开始。

沙飞海滩（Sandfly Bay）的停车场修建在岬角之下，我们顶着风爬上高

达尼丁教堂的彩色玻璃画中有信天翁、海豹、企鹅等野生动物的形象

坡，俯瞰脚下的沙滩，除了一些澳洲红嘴鸥，什么动物的踪影也没有。犹豫了一下，我们还是决定走下去试试。风从海上吹来，卷起细沙和水雾，打在脸上，呼吸都有点吃力。

水汽迷蒙中，妻子突然看到一块毛茸茸的大"礁石"横在沙滩上，原来是大名鼎鼎的新西兰海狮，看上去是一只雄性的成年个体，它实在太低调了，难怪之前根本看不出来。

新西兰海狮的雌雄差异非常大，就像是两个物种：雄性粗壮威猛，体重可达450公斤，雌性温柔苗条些，体重约是雄性的三分之一。很多游客把更容易见到的新西兰海狗误认为新西兰海狮——这和青藏高原的情况很像，不少游客把藏原羚误认为藏羚羊。殊不知，新西兰海狮的数量只有1.2万头，是世界上最濒危的一种海狮。雄性海狮直到八九岁才能强壮到占领一片海滩当爸爸，而雌性每隔一两年才产下一只幼崽。对寿命最多只有23年的海狮来说，繁衍的机会

新西兰海狮

真的很宝贵。如果你在海滩上看到孤独的海狮幼崽，千万不要去打扰，它的妈妈八成是下海觅食了。

太阳渐渐高了，退潮了，一头个子小一些的海狮趴在沙滩上，用鳍状肢慢吞吞地把身体支起来，挪动几下，又趴倒，等着海浪再冲上来。它抬起头，发发呆，又向前挪了几步。几次三番，终于到了完全干燥的沙滩上，一头栽下去，踏踏实实地打起盹儿。而沙滩上另一头雄性个体似乎是睡饱了，抬起头，甩了甩身上的细沙，躺倒后又伸展"双臂"伸懒腰，张开的大嘴红通通的，我连忙后退几步。

在过去的100多年，新西兰海狮的分布远离新西兰主岛。直到1993年，一头叫Mum的雌性在奥塔哥半岛产崽。据说，目前这里分布的海狮全都是Mum的后代。

时隔一年的约定

在奥塔哥尤其不能错过的是泰瓦罗瓦角（Taiaroa Head）的皇家信天翁中心，这里是半岛的尽头，还有灯塔、海风、密密麻麻的澳洲红嘴鸥、峭壁上繁殖的斑点鸬鹚，以及新西兰海狗。

新西兰海狗。在米尔福德峡湾的游船上，导游将岩石上一群海狗解说为海狮，
还编造出它们因为年幼弱小打不过同类，从大海被赶到峡湾的故事

　　信天翁是世界上体型最大的一类海鸟，一生中85%的时间在海上漂泊，只
有繁殖时会停留在偏僻的海岛。30多对皇家信天翁把巢区选在交通便捷的奥塔
哥半岛——南半球唯一的信天翁大陆繁殖地，不得不说是信天翁爱好者的幸运。
早在1986年这里就修建了地下通道和掩体，用于观察信天翁的繁殖情况。

　　处在繁殖年龄的皇家信天翁一般10月中旬才进入产卵期，次年1月开始有
雏鸟破壳，9月离巢。国庆假期刚好是青黄不接的季节，新的繁殖季又还没开
始。工作人员遗憾地告诉我们，目前只有一只皇家信天翁到了，不如在外围碰
碰运气。

　　中心上空漫天飞舞的是澳洲红嘴鸥，有些聒噪。突然一个巨大的身影出现
了——皇家信天翁。它现身时静默无语，更显得霸气，翼展3米多，肉粉色的
大嘴微微下钩。它乘着海风一圈圈地围着将要孕育新生的山头滑翔，转动方向
时只需把双翼的角度微微切换一下，简直就是静音的滑翔机。看似平静，但飞

皇家信天翁

行速度非常快，只要手速稍慢一些，它就从取景器中消失了。

　　皇家信天翁恪守一夫一妻制，在生育年龄时，每两年繁殖一次，夫妻双方会在上次繁殖的旧巢重逢，耗费11个月产卵、孵化、育雏。一个繁殖周期后，夫妻分道扬镳，从奥塔哥半岛出发，乘着风漂泊在南半球的大海上，直到一年后的新繁殖季开始。我想，眼前的这只皇家信天翁是在用滑翔的姿态召唤赴约途中的伴侣吧。

　　如今，皇家信天翁面临的最大挑战不再是人类或其他入侵哺乳动物的猎杀，也不是渔业资源的争夺，而是气候变化带来的一系列冲击，比如极端天气增加，气温和水温的上升让这些怕热的海鸟行为异常，反常的风暴对巢区的植被、土壤的破坏，甚至一种蝇虫的入侵，都会降低它们的繁殖成功率。

天黑，驴叫了

皇家信天翁并不是这里的唯一看点，我预订了当晚观看小蓝企鹅上岸的项目——新西兰允许拍摄的观察点独此一家。

新西兰是世界上企鹅种类最多的国家，全球17种企鹅中，新西兰有14种的分布记录，包括4个特有种：黄眼企鹅（Yellow-eyed Penguin）、峡湾企鹅（Fiordland-crested Penguin）、冠毛企鹅（Erect-crested Penguin）和斯岛黄眉企鹅（Snares-crested Penguin）。

不过，要想见到这些企鹅绝非易事，有的来自南极，在新西兰偶有记录，还有一些企鹅的分布区则远离主岛。对观光客来说，小蓝企鹅(Blue Penguin)是观看门槛最低的企鹅，体型也是企鹅家族中最小的，个头最大的也就40厘米高，是帝企鹅的三分之一。

小蓝企鹅漂浮在海面上捕鱼

结队上岸的小蓝企鹅

　　小蓝企鹅在新西兰主岛沿岸均有分布，在当年7月到次年3月的繁殖期，白天在邻近巢区的海域结队捕食，乘船时并不难遇见，天黑后才上岸归巢。陆地上活动时生性敏感，上岸时一旦发现有人干扰，就会改变行程。

　　晚上8点，游客挤满了中心的前厅。一通讲解后，大家列队借着微弱的灯光走下山坡，在领航员海滩（Pilots Beach）静静等候小蓝企鹅上岸。海浪冲刷着沙滩，又退去，安静的人群突然有了一点躁动，小蓝企鹅出现了。它们七八只一群，随着海浪上了岸，浪退下，它们立马站起来，身体前倾45度，摇摇摆摆地往坡上走，草丛里有它们的洞穴，还有人工巢箱。

　　海风里传来沙哑的叫声，音色有点像驴，但要舒缓些，这是企鹅家长们在呼唤。据说，有的小蓝企鹅胆子比较大，在海边民宅附近繁殖，那特别的叫声还会吵到它的人类邻居。

　　小蓝企鹅已经适应了皇家信天翁中心布设的光源，从我们的观察台前路过时淡定自若，肉眼都看得真切——个头真小，蓝黑色的披风，像是烟熏过的白肚皮，粉红色的脚蹼。有的性急，一口气钻进了草丛中；有的瞻前顾后，上坡时在一段狭窄的小路上还造成了"堵鹅"。

海浪反复冲刷着沙滩，大约40分钟过去了，我们一共等候到90多只小蓝企鹅上岸，寒风中气温越来越低，可大家还是依依不舍。

月色下，澳洲红嘴鸥早已安静下来，蛎鹬拖着胡萝卜一样的大嘴在沙滩上踱步。隔着海湾是星星点点的灯光。没有什么，比此刻更美妙了。

新西兰第三岛：
白色的月光，红色的夜晚

　　因为对野生动物的热爱，一些冷僻的地名，是我做旅行计划时放在最高优先级去考虑的胜地，比如江苏的条子泥、云南的盈江、香港的米埔，这篇文章分享的斯图尔特岛（Stewart Island），也就是新西兰之行绝不能错过的第三岛——最容易看到野生几维鸟的地方。

斯图尔特岛

　　坦率地说，在抵达斯图尔特岛的半月湾（Half Moon Bay）时，我有点失望。喧闹的码头、成群的游客，还有连锁超市和崭新的教堂，这可真不是我想象中的荒野之地——总该有家昏暗的老店，销售为数不多的本地食品，还有间破旧的酒馆，聚集着衣衫褴褛的渔夫吧。我和妻子住在南海酒店（South Sea Hotel）。这是岛上为数不多的历史性建筑之一，一楼是酒吧和餐厅——岛上唯一的社交场所，楼上就是客房，房间很小，隔音效果不佳，床头柜上居然还放着耳塞，真让人沮丧。但当我第四天离开时，又万分不舍。对斯图尔特岛，更是不舍。

　　几维鸟（Kiwi）是新西兰的国鸟，一共有3种，不会飞，重量在1公斤到3公斤多不等，羽毛像细密的毛发一般，喙和腿都很粗壮，一般夜间活动。斯图尔特岛上分布的几维鸟有个毛利语名字——Tokoeka，字面意思就是"挂着拐杖的新西兰秧鸡"。这嘴得有多长多粗，才会被比喻成拐杖呢。岛上的Tokoeka据估算在1万只左右，在教堂山或者橄榄球场这样挺热闹的地方都有可能遇见。和分布在峡湾等地的同类很不一样，这里的Tokoeka会在白天出现。在BBC拍摄的纪录片《野性新西兰》（Wild New Zealand）中，黄昏时一只几维鸟在沙滩上啄着沙蚤，我无数次幻想着这样的场景出现。

　　斯图尔特岛上有数家持牌机构经营夜观几维鸟的项目，费用是每人100新西兰元，每一家都有划定的区域，这样经营者会小心翼翼地呵护，不会为了客人的愉悦而不加限制地干扰几维鸟。每个团队容纳的人数在4—8人，观赏效果能有保证。当然，前提是得找到几维鸟，可大自然从来不会承诺什么。在我登岛前，向导一直在邮件里抱怨糟糕的天气，他建议我推迟一天夜观。

　　晚上9点，向导奥利接上我们就往机场方向开去，他一边开车一边交代注意事项：几维鸟视力很差，但听觉和嗅觉灵敏，寻找的过程中一定不能大声说话，要从下风的方向接近，避免它闻到气味；只能用统一发放的红光手电，几维鸟对红光不敏感，如果开闪光灯，或者用白色光源，鸟肯定会被吓跑。

正在觅食的几维鸟

　　白色的月光下是漆黑的夜，一串红色的灯光沿着公路闪动。远处偶尔传来猫头鹰的叫声，"MORE-PORK, MORE-PORK"，没错，因为奇特的叫声，这种新西兰特有的猫头鹰"斑布克鹰鸮"在坊间就被称为"More Pork"。没过几分钟，同行的客人先发现了一只几维鸟，它距离我们不到10米，个头真大，像采油机一样频繁地磕头，用长长的喙掏虫吃。也许是我们的动作不够轻盈，它突然停了下来，昂起头，喙尖指向天空，似乎嗅到了什么。它一定是想通了什么，一路小跑，沙沙作响地钻进了树林。幸福来得就这么突然，结束得也很匆忙。奥利嘱咐大家动作再轻一点，这样有机会看得更清楚。

　　前方突然传来嘶哑的叫声，接着又有尖锐的叫声回应，这次是一雌一雄两只几维鸟在通信，果不其然，我们很快又看到了一只，个子更大一些。它埋头觅食，我就慢慢靠近；它移动时，我们就原地观察，那粗壮的腿脚发出的声响，我们都能感受到。观察、拍摄了好一会儿，奥利提示我们不再跟踪，避免打扰

帚尾袋貂

到它，这样第二天其他团队在附近看到的概率就会高很多。

　　在毛利人、欧洲人登陆之前，新西兰没有捕食性的哺乳动物，鸟类是这个岛国的统治者，几维鸟、鸮鹦鹉、南秧鸡这些又大又笨拙的特有鸟类占据着地面。后来，人类把白鼬、袋貂、猫带上了岛，老鼠也跟着轮船漂洋过海登陆新西兰，可岛屿上的鸟类并没有演化出对应的警戒策略，大量鸟类遭到这些入侵物种的捕杀，恐鸟、新西兰笑鸮、新西兰鸫鹟等都灭绝了。

　　如今，清理这些威胁新西兰独特生物多样性的捕食者，是生态保护的头等大事。在斯图尔特岛上漫步，到处可以看见捕捉这些入侵物种的毒饵盒，新西兰政府还雄心勃勃地制订了捕食者清除计划，希望在2050年之前把它们清除干净。而我们在第二天夜里寻找猫头鹰时，就与一只肥硕的帚尾袋貂不期而遇，虽然它主要吃素，但也会洗劫鸟巢，取食鸟蛋和雏鸟，还会影响本土树木的生

石莼岛

长。反观我们身边，种群迅速扩张的流浪猫、流浪狗[1]正在给公共卫生、生态系统带来新的挑战，在青藏高原，流浪狗甚至还威胁到人身安全。流浪猫狗自身的福利问题也愈发突出，但至今仍是无解的难题。

　　在斯图尔特岛的众多岛屿中，石莼岛（Ulva Island）受到保护的时间最早，已经有120年的历史了，很多在南岛、北岛难以见到的濒危特有鸟类，在这座小岛上得以生存，其中包括南岛鞍背鸦、白顶啄羊鹦鹉、红额鹦鹉、黄额鹦鹉、新西兰秧鸡，等等。

　　在前往石莼岛的码头上，有非常显眼的标志提醒大家检查行李中是否有老鼠、入侵物种的种子。据说石莼岛花了很大的代价清除老鼠后，平均每年还是

1　狗由狼的祖先驯化而来，是首个被人类选择塑造的物种。猫的祖先非洲野猫或欧洲野猫，现在仍然存在于自然界中，大概一万年前开始被人类驯化。流浪猫、流浪狗并不是自然的产物，主要是由人遗弃的个体以及它们的后代所组成的类群，一般生活在人类聚集区周边。

白顶啄羊鹦鹉

会有1只老鼠逃脱人的监控扩散至岛上。除了随身的行李，它们还有可能栖身于停靠在岛屿附近的船只上，游泳登岛。因此，官方一直严防死守，除了毒饵盒，还用嗅觉灵敏的工作犬定期搜寻。正是有了这样的底气，新西兰政府才会在2000年把30只濒危的南岛鞍背鸦在这里野放。

石苑岛仅仅有很小的一角对游客开放，沙土、木板搭建的步道连接着几处视野开阔的海滩，最长的步道单程也只需要50分钟，我们乘坐渡轮在邮局湾（Post Office Bay）上岸后，很快就钻进了昏暗的密林。

没走几步，就听到了咔咔的鸟叫声，还有树枝哗哗地响，著名的白顶啄羊鹦鹉从我们头顶飞过。正如其声，这种鹦鹉的毛利语名就叫Kaka。它完全不怕人，大大方方地落在我们眼前，块头看上去和公鸡差不多。走走停停，我们发现一路到处都是白顶啄羊鹦鹉，它们绝对是这里的优势物种。又是一阵羊叫声，全身草绿色的红额鹦鹉吵吵嚷嚷地来了，它们的个头小多了，看到人还挺警觉，我逐个打量，发现还有几只黄额鹦鹉混在其中。一会儿工夫毫不费力地看到3种新西兰特有鹦鹉，那感觉真的棒极了。

而世界上最重的鹦鹉，我们只能在博物馆观看标本，无缘在野外遇见了，那就是鸮鹦鹉（Kakapo）。这种不会飞行的鹦鹉能长到60厘米高，2公斤重，在斯图尔特岛曾经有200多只个体，但也受到入侵物种的威胁，数量陡降。环保部索性把它们迁移到完全没有捕食者威胁、禁止无关人员拜访的孤岛上延续种群的希望。在严格的保护下，2019年鸮鹦鹉的数量达到了创纪录的213只。

每条步道的尽头都是比较开阔的沙滩，我们刚走出密林，准备在悉尼湾（Sydney Bay）吃点东西，就听到栈道旁的灌木里有哗哗的声响，隐约看到棕褐色的大鸟。是几维鸟？我和妻子兴奋至极，赶紧拿起望远镜蹲守，等它慢慢地走出来，居然是新西兰秧鸡（Weka）本尊，而不是"拄着拐杖的新西兰秧鸡"几维鸟。在这种地方常见的新西兰特有秧鸡完全不怕人，带着孩子沿着海岸线

在米尔福德峡湾山区分布的啄羊鹦鹉喜欢啃食车的密封胶条甚至轮胎

在牡蛎、海藻之间吃了一路后，转向我们的背包翻找食物，生怕落下了什么，我赶紧拿出广角镜头拍摄。这样毫无提防的信任感，得是多持久的保护才能建立啊？

妻子很快发现，在海滩的另一头，有海兽趴在沙子上晒太阳。我们用望远镜一看，它的头部、背部高高隆起，皮毛呈青灰色，腹部有不少黑色斑点，排除了新西兰海狮、海狗，再对照一下图鉴，豹海豹！这可是我们一路都在挂念的高光物种。

与新西兰沿海分布较多的海狮、海狗不同，豹海豹主要分布在南极地区，它们在新西兰出现的概率非常低，我们在南岛南部的沿岸一直在收集豹海豹和象海豹的情报，可没想到，豹海豹真的就这样平静地出现了。我们慢慢靠近，看清了更多的细节：苗条的身材，鳍状肢比海狮小巧很多，嘴巴向前突起，浓浓的盐水不停地从鼻孔里排出，眼睛睁开时圆滚滚的。别被这萌萌的外表迷惑，在南极的浮冰和海水之间，它们可是捕食企鹅的高手。这只豹海豹非常淡定，偶尔睁开眼睛看看我们，过了许久，才在一波又一波的浪涌中蜷曲着身体慢慢挪向大海，直到完全被海水淹没，才慢悠悠地离去。

新西兰秧鸡

　　这次邂逅似乎消耗完了一天的好运气。在石纯岛的下午，我们除了和越来越多的新西兰秧鸡打交道，没有什么新的收获。直到离开前被一只新西兰海狮追赶——它在岸上跑不过我们，索性在海水里游一段，再登陆冲过来，我们被吓得不轻。此后听奥克兰和深圳的鸟友相继说起同样的经历，我才恍然大悟，或许附近的树丛中有它的孩子，它出于防御对我们做出不友好的举动，又或许这家伙就是一个好斗的个体。

　　出海寻找海鸟，是夜观几维鸟之外最大的期待。不料初春的天气变化太剧烈，游客也不多，出发前联系的船只不是要修整，就是预约人数太少无法成行。奥利很热心，帮忙联系了水上摩托，说是可以在下午抽出一个半小时带我们寻找海鸟。

　　船长是位扎着小辫的帅哥，话不多，上了船交代了几句安全事项，就猛地

豹海豹

跟着渔船捕鱼的信天翁

提速直奔主题——回港的渔船把没有商业价值的渔获扔回大海，一群信天翁、澳洲红嘴鸥就跟在其后围猎。在我固有的认识中，信天翁是在天边翱翔的高冷海鸟，居然也会吃嗟来之食，而且种类还不少。浅色的是白顶信天翁，灰头的是新西兰信天翁，化着烟熏妆的是萨氏信天翁，它们收起宽阔的双翼落在海面，在正对着我镜头的地方静静地随着海浪摇摆，那种感觉真是棒极了。

时间尚早，我们还想找黄眉企鹅，船长看了一眼图鉴，似乎胸有成竹，加足了马力驶往半月湾。这种较为罕见的企鹅在礁石间的山洞繁殖，一天前船长刚刚看到6只黄眉企鹅在海面上出现，可我们一只也没有看到。他不甘心，向海钓的朋友打听企鹅的踪影，而我们却不停地看到小蓝企鹅在浪涌之上起起伏伏，这是在嘲笑我们的贪婪吗？

离开斯图尔特岛的前夜，蓝海旅店的酒吧照例在举行每周一次的英国传统的酒吧竞猜游戏，这是岛上最有人气的社交活动。当地人和游客6个人一组回

蓝海旅店每周举办英国传统的酒吧竞猜游戏"Pub Quiz"

答主持人的提问，比如斯图尔特岛上有多少只捕捉入侵物种的木盒，天鹅是哪个欧洲国家的国鸟，等等。胜出的队伍赢得所有参赛队伍的筹码，捐献给当地的学校。我来自喧嚣的中国都市，很难触摸到他们的快乐源泉，坐在旁边静静地欣赏着。

　　与爽朗的笑声隔着一扇窗的，是带我和妻子看海鸟的船长，他正在和朋友喝着啤酒，而几维鸟向导奥利则从酒店门外走过。这真是个有意思的地方，我们总会在这里不期然地相遇，而一旦离开这座岛，就再也不会相见了。

如果动物园真能成为庇护所

　　作为自然爱好者，我对中国内地绝大多数动物园持保留态度。且不论是否真正起到保护和教育的作用，仅是近年无序低水平新建的一批野生动物园，就直接刺激了全球野生动物猎捕和贸易，长颈鹿、非洲象甚至是黑猩猩成批运往中国。

　　理想的动物园应该有怎样的追求？在新西兰的最后一天，我打算去皇后镇的几维鸟生态公园（Kiwi Birdlife Park）看看。在猫途鹰网站（Tripadvisor）上，有人评价说棒极了，不管是在黑暗中观看几维鸟觅食，还是动物互动表演都很难忘。有人觉得亏大了，门票预售价高达55新西兰币，笼子里只有几只鸟看……截然相反的评价，让我更好奇了。

　　几维鸟生态公园建在皇后镇中心的山坡上，入口在坡顶，顺着山坡走半小时就能绕一圈儿，但我停留了整整一个上午还意犹未尽。这里为数不多的野生动物，要么是参与了人工繁殖计划，后代都在野外开枝散叶，要么是因伤病无法回归野外的个体。

　　为了让游客在白天能够看到夜行性的几维鸟，新西兰几家饲养几维鸟的动物园会用人工光源让它们黑白颠倒，白天室内的灯光会调得非常微弱，模拟夜间的状态——我在奥克兰就听一位志愿者老奶奶批评这样的做法。上午10点是

位于皇后镇中心区域的生态公园

几维鸟生态公园入口

第一次喂食时间，我们摸黑走进几维鸟馆，在长凳上坐了一会儿才慢慢适应漆黑的环境，微光之下，蕨类植物和枯木刚好与我们的视线平齐，有水流，有可以挖地洞的土坡，以及藏身的灌木，对野外环境的还原非常棒。我隐隐约约看到几维鸟的影子在晃动。

饲养员乔安娜把食物塞到塑料管中，埋在沙土里。这是模拟几维鸟在野外的觅食场景：它们用长长的喙，像探针一般寻找昆虫，喙端的气孔，能敏锐地探测到猎物的气味。听到饲养员来了，几维鸟快步跑了出来，到底是有两三公斤的块头，厚重的脚步声隔着玻璃也能听清。它很快找到了目标，像采油机一样连续磕头取食。而后又沿着玻璃墙慢慢踱步，那双腿可真壮实！

我们到访时，生态公园共饲养了6只北岛褐几维鸟，它们都属于新西兰全国性的保育项目，任务是繁殖后代，幼鸟生长到一公斤以上，有能力抵御袋貂、白鼬等捕食者（均为入侵物种）时，会被放归野外，65%的个体能够平安长大。2018年，生态公园有两只人工繁育的几维鸟回到了野外，这对野生种群是很好的补充，经费完全来自门票、纪念品收入和捐赠。

因为叫声像极了"More pork"，新西兰特有的斑布克鹰鸮索性就有了和叫声一样的英文名"More pork"，据说夏夜里它喜欢站立在路灯上伺机捕捉蚊虫，我们在野外无缘亲见，好在这里收容了眼睛受伤的家伙。它的对面，是一只受伤的新西兰隼，独占着沿山坡搭建的笼舍，眼神看上去有点黯淡，但丝毫没有与困境妥协的情绪。我们前一日刚刚在野外与一对正在育雏的新西兰隼狭路相逢，它们尖叫着朝我们飞来，在头顶划过一道弧线。真希望这些伤员能早点康复。

11点是保护秀，在欢快的剧场中，老鼠等入侵物种先从小木屋中飞奔出来，

工作人员讲解几维鸟标本

跑过独木桥，钻进了另一端的木屋，由于这些入侵物种，以及猫、狗的捕猎，鸮鹦鹉、几维鸟这些没有飞行能力的新西兰特有物种都面临着巨大的威胁。个头超大的新西兰鸠，尽管不是健全的个体，深绿的羽色在阳光中仍然显现出紫色、蓝色的金属光泽，几粒谷物的奖励下，它从一位饲养员手中的栖架上起飞，越过观众的头顶，落到另一位饲养员手中。这种在野外不难见到的鸟类，对多数观众来说还是非常新鲜，大家更为感动的是人类救助它的故事。持续半小时的保护秀，从几维鸟标本到楔齿蜥，展示的都是野生动物的本来面貌，没有奴役，更没有来自人类傲慢的俯视。

因为连日大雨，我和妻子错过了在米尔福德峡湾的溪流中寻找新西兰特有种蓝鸭的机会，在这里终于如愿。灌丛、杂草、湍急的水流，蓝鸭笼舍的面积虽然不大，但尽可能地集齐了它们野外生境的要素。可我路过两次，都没有找到。离开生态公园前，我很不甘心，折返回蓝鸭的地盘，它终于从灌木丛中走

斑布克鹰鸮

了出来——通体是优雅的蓝灰色，胸口是暗红的斑点，对四周的响动似乎很敏感，很快又钻进了蕨类植物里。野生动物的安全感，在这里要比游客的利益更为优先考虑，这是由运营者的价值观决定的，难怪不知内情的游客会留下消极的评论。

在生态公园的树荫下，有两把椅子早已锈蚀，和周遭的环境融为一体，公园的开创者，曾经坐在这里，看着亲手抚育的挪亚方舟，一天天地成为现实中的野生动物天堂。1986 年，理查德·汤森·威尔逊（Richard Townsend Wilson）和妻子诺琳·威尔逊（Noeleen Wilson）决定把皇后镇中心的这片荒地改造为野生动植物的天堂，一家人在这里种植了超过 1 万棵本土植物，创业前就在此地生长的红杉也已直插云霄。夫妻二人离世后，他们的子女继续打理着这个庇护所。每年一月，诺琳最喜欢的伞花铁心木开花之时，正是她的忌日。理查德生前心爱的新西兰扇尾鹟在院子里穿梭着飞翔，在枝头炫耀折扇一般的尾羽。在这安静的角落里，我们可以静心思考动物园的终极追求，以及每个人应该做出的改变。

后记

　　新冠肺炎疫情让我在假期搁置了旅行计划，能够静下心来整理书稿，倾听荒野的回声：灰白的天，雪白的山丘间，涉世不深的鹅喉羚一步一步好奇地朝我走来，我心底的热血翻腾，身下的白雪也在融化；在开满绿绒蒿、龙胆的山坡上，雪豹撑着长长的尾巴飞一样追赶逃命的岩羊母子，它们如闪电般出现又消失；在山地雨林，普通夜鹰彻夜发出机关枪一般的响亮叫声，天边刚有些微白，黑眉拟啄木鸟的求偶声弥漫在林间，纯蓝仙鹟婉转的奏鸣曲在我头顶环绕……

　　过去十多年间，生态保护工作从社会的边缘逐渐走向中心，至暗时刻的资源掠夺式发展戛然而止，基于中国国情的保护模式轮廓逐渐清晰，野生动植物盗采盗猎和非法贸易、食用被压制，观鸟成为很多人的生活方式，环境教育引导更多公众参与保护行动，但大自然面临的挑战依然严峻：

　　全社会的低碳转型是大势所趋，而不科学的水电开发、植树造林不但增加了碳排放，还直接导致无法弥补的生态损失。

　　限于认知或私利驱动，破坏生态的做法在"保护""修复"的名义下仍在延续，过去十多年，相当多的湿地公园已经破坏了原本健康的湿地生态系统。

　　一些地方急于要达成生态政绩目标，致使保护工作脱离现实、科学的轨道，对原住居民和本土物种都造成负面影响。

野生动物栖息地破碎化依然在默默地加剧，这是长臂猿、大熊猫等濒危物种所面临的最大威胁，国家公园体制给出了系统性的解决方案，但待其真正发挥主导作用预计还有相当漫长的过程。

更为矛盾的是，我们这些以自然为伴的朋友大都在消费主义的浪潮中，或多或少地加剧了对自然资源的消耗，推高了生态赤字，比起尚未与自然建立起连接的公众，我们更应该自省、克制。

感谢后浪张媛媛编辑促使我完成了拖延多年的出版计划。这本书收录的一部分文章曾在报刊或网络发表，或曾编入《跟着动物去旅行》这本并不成熟的小书，此次均做了修订，与近年撰写的文章汇集成册，张媛媛编辑称之为"我的自然观察编年史"，这过于抬举，但也的确是十多年来所行所思的真诚记录，包括一些可能引起当事方不悦的往事。

写作过程中承蒙诸多师友相助，特此致谢：丁玉华、马嘉慧、王小宁、卢和芬、李忠秋、刘彬、孙戈、余日东、张松奎、陈志鸿、肖凌云、林柳、赵翔、袁屏、贾亦飞、夏淳、徐文彬、徐健、曹垒、董丽娜、韩永祥、韩雪松、雷刚、雷进宇、雷铭等。旅途中得到的帮助更是难以穷尽，只能在心中感念。

感谢吕植老师在繁忙的工作中为这本小书作序，感谢孙戈博士拨冗审读并给出专业的修订意见。

最要感谢的当然是家人，父母的包容让我自年少时就有了不一样的生活体验，更让我不必关注别人的成功，而坚持做自己真正喜欢的事情；妻子总是我的第一位读者，她的陪伴和鞭策让我更有信心重新整理这些荒野碎片。

限于本人的能力和视野，书中一定会有不少错误和不足，敬请批评指正。

韦晔

2021年春

主要参考文献

[1] 约翰·马敬能,卡伦·菲利普斯,卢和芬,何芬奇,解焱.中国鸟类野外手册 [M].长沙：湖南教育出版社，2000.

[2] 樋口广芳，关鸿亮，华宁，周璟男.鸟类的迁徙之旅 [M].上海：复旦大学出版社，2010.

[3] 刘阳，陈水华等.中国鸟类观察手册 [M].长沙：湖南科学技术出版，2021.

[4] 刘少英，吴毅，李晟.中国兽类图鉴：第二版 [M].福州：海峡书局，2020.

[5] Richard B. Primack，马克平，蒋志刚.保护生物学 [M].北京：科学出版社，2014.

[6] 马克·布拉齐尔，朱磊等.东亚鸟类野外手册 [M].北京：北京大学出版社，2020.

[7] 盖玛 (Gemma.F.)，解焱，汪松，史密斯 (Andrew T.Smith).中国兽类野外手册 [M].长沙：湖南教育出版社，2009.

[8] 丁玉华.中国麋鹿研究 [M].长春：吉林科学技术出版社，2004.

[9] 王丕烈.中国鲸类 [M].北京：化学工业出版社，2011.

[10] 周开亚，张行端.白鱀豚及长江流域的濒危动物 [M].南京：译林出版社，1991.

[11] 潘文石，吕植，朱小健，王大军，王昊，龙玉，付达莉，周欣 . 继续生存的机会 [M]. 北京：北京大学出版社，2001.

[12] 潘文石 . 熊猫虎子 [M]. 广西壮族自治区：广西师范大学出版社，2005.

[13] 乔治·夏勒，黄悦 . 第三极的馈赠：一位博物学家的荒野手记 [M]. 北京：生活·读书·新知三联书店，2017 年 .

[14] 肖凌云，邸皓，程琛，梁旭昶 . 守护雪山之王：中国雪豹调查与保护现状 [M]. 北京：北京大学出版社，2019 年 .

[15] 解焱 . 恢复中国的天然植被 [M]. 中国林业出版社，2002 年 .

[16] 杰弗里·韦斯特，张培 . 规模：复杂世界的简单法则 [M]. 北京：中信出版社，2018 年 .

[17] 钟嘉等 . 中国鸟类观察 [C]. 中国观鸟组织联合行动平台内部出版物 .

图书在版编目（CIP）数据

荒野的回声 / 韦晔著 . —— 北京：北京联合出版公司，2023.9

ISBN 978-7-5596-6906-3

Ⅰ . ①荒… Ⅱ . ①韦… Ⅲ . ①动物—普及读物 Ⅳ . ①Q95-49

中国国家版本馆 CIP 数据核字 (2023) 第 086929 号

荒野的回声

作　　者：韦　晔
出 品 人：赵红仕
选题策划：后浪出版公司
出版统筹：吴兴元
特约编辑：张媛媛　刘　巍
责任编辑：张　萌
营销推广：ONEBOOK
装帧制造：墨白空间·杨阳

北京联合出版公司出版
（北京市西城区德外大街 83 号楼 9 层　100088）
后浪出版咨询（北京）有限责任公司发行
天津图文方嘉印刷有限公司印刷　新华书店经销
字数 251 千字　720 毫米 × 1000 毫米　1/16　22.5 印张
2023 年 9 月第 1 版　2023 年 9 月第 1 次印刷
ISBN 978-7-5596-6906-3
定价：100.00 元